艺术涂料与施工工艺

姜年超　姜向阳　陈　彤　编著

上海科学技术文献出版社
Shanghai Scientific and Technological Literature Press

图书在版编目（CIP）数据

艺术涂料与施工工艺 / 姜年超，姜向阳，陈彤编著 . —上海：上海科学技术文献出版社，2021
ISBN 978-7-5439-8287-1

Ⅰ . ①艺… Ⅱ . ①姜…②姜…③陈… Ⅲ . ①建筑涂料—基本知识②涂装工艺—建筑施工 Ⅳ . ① TU56 ② TU767.3

中国版本图书馆 CIP 数据核字 (2021) 第 048740 号

责任编辑：孙 嘉
封面摄影：周 洁
封面设计：道启倍睿

艺术涂料与施工工艺
YISHU TULIAO YU SHIGONG GONGYI
姜年超 姜向阳 陈 彤 编著
出版发行：上海科学技术文献出版社
地 址：上海市长乐路 746 号
邮政编码：200040
经 销：全国新华书店
印 刷：上海新开宝商务印刷有限公司
开 本：787mm×1092mm 1/16
印 张：10.75
版 次：2021 年 6 月第 1 版 2021 年 6 月第 1 次印刷
书 号：ISBN 978-7-5439-8287-1
定 价：98.00 元
http://www.sstlp.com

目录

目录

序

年超兄虽然只比我大 1 岁，但比我老成不少，这与他丰富的历练有关。

从一个化学老师到技术员，到厂长，到总经理，再到自主创业，创立墙酷新材料（厦门）股份有限公司，年超兄磨剑超过 20 年。

在这个过程中，年超兄一直一边努力工作，一边努力学习，一边努力跑马拉松。他 2004 年、2019 年先后完成中国人民大学在职研究生和中欧国际工商学院 EMBA 学业。他求学于这两所知名院校，取得了优异成绩。

年超兄跑马拉松却是行家里手。跑马拉松是一项高负荷、高强度、高风险的运动。参加马拉松运动，不仅需要有足够的热情、激情，更需要有超人的毅力和素质。马拉松作为耐力性考验项目，其实更多考验的是心理素质，没有顽强的毅力和良好的心态，想要跑完全程几乎不可能。所以，马拉松是一种精神。

他有的就是这种精神，不管是工作，还是学习，还是创业。

这不仅让我羡慕，也让我嫉妒。

我知道，年超兄主编和参编过《建筑涂料与涂装工》《城市建筑涂装知识问答》等书籍，也参与过 GB/T 9755 合成树脂乳液外墙涂料、GB/T 9779 复层建筑涂料、JG/T 157 清水混凝土、JG/T 24 水性多彩建筑涂料等多项国家涂料标准与行业标准的制定。这为他今天出版本书奠定了坚实的基础。

什么是艺术涂料？它的源头可以追溯到人类穴居时代。人们利用工具和动植物油脂，在山洞或者石壁上记录生活。中国的敦煌壁画、彩绘兵马俑等可以看作是艺术涂料早期运用的案例。但这些还不算成熟的艺术涂料，直到 15 世纪文艺复兴才正式掀起了艺术涂料的风潮。“文艺复兴建筑”的兴盛，让艺术涂料大放异彩。

早期的艺术涂料，更多应用在壁画、雕塑等艺术品上。随着时代的发展，艺术涂料不再是达官显贵的专利，慢慢地走到了普罗大众之中。艺术涂料的外在表现方式也呈现出向简约化、现代化、科技化的过渡。

随着科技的进步，各种功能性涂料纷纷加入艺术涂料的领域，国内市场上相关产品也层出不穷，各家企业都在创意、设计、工具、施工手法上大胆创新，力求在艺术涂料上做出属于自己的新效果。在此背景下，整个艺术涂料市场既呈现出百花齐放的繁荣景象，亦难免存在泥沙俱下、鱼目混珠的混乱局面。

首先，在如此势头和人气之下，艺术涂料面临着强大的竞争。国外一些老牌的内墙涂料和艺术涂料品牌对中国这个巨大的市场一直虎视眈眈，凭借老到的经验与不俗的实力迅速抢占市场。本土涂料品牌也不甘示弱，纷纷投身艺术涂料领域，试图与外来品牌形成势均力敌的局面。

其次，除了企业正常的经营管理、技术创新、营销创新和开发渠道之外，艺术涂料十分考验产品质量、施工人员技术以及工具等细节。这些不靠积累与沉淀，是万万不行的。

本书从“什么是艺术涂料”“艺术涂料的组成与技术原理”“艺术涂料的市场发展趋势”“正确选购艺术涂料”和“常见的艺术涂料施工工具及施工工艺”五方面对艺术涂料进行了详尽的介绍。虽然有些方面不是很完善，但还是值得从事艺术涂料行业的企业管理者、营销人员、经销商、技术人员、施工人员等学习和参考的。

本书的一大特色就是将重点放在了艺术涂料的涂装工艺上。一方面从艺术涂料的组成与技术原理出发，可以让读者更深入地了解艺术涂料的本质与内涵；另一方面因为融合了作者长年从事相关工作的经验，所以具有较高的参照性和实用性。

本书还纳入了有关“正确选购艺术涂料”以及有关配色方面的问题，最大程度上贴合消费者的诉求，为消费者提供可靠的参考。

所以，想了解艺术涂料更多的秘密，不妨拿起这本书。或许，你的艺术涂料学习之路从此更加丰富多彩。

有一本叫《匠人精神》的书，讲述了要成为一流工匠就必须做到“守破离”：跟着师傅修业谓之“守”，在传承中加入自己想法谓之“破”，开创自己新境界谓之“离”。匠心之道贵在“守破离”。

清代著名启蒙思想家魏源曾说过：“技可进乎道，艺可通乎神。”匠心是精雕细刻和精益求精之心，是追求卓越不断超越之心，是破除成见不断创新之心。

工作是一种修行。因为对涂料的挚爱，年超兄一直聚焦涂料行业的发展。这本书的诞生，至少是他对艺术涂料的一种探索，是艺术涂料深入市场的普及文本，也是一种促进艺术涂料快速发展的工具书。

“锲而舍之，朽木不折；锲而不舍，金石可镂。”荀子如是说。

我想，年超兄正拥有这种锲而不舍的精神。

一年比一年超越——这是我作为一个沉浸涂料行业 20 年的旁观者的祝福。

是为序，谨与年超兄共勉。

李甫年

中外涂料网总编辑、经典文化传播有限公司总经理

2020 年 11 月 19 日

于中国涂料之乡顺德

自序

近几年来，国内艺术涂料如雨后春笋般快速发展，市场上也涌现出部分具有一定规模和影响力的品牌。但总体来看，整个行业还处在起步阶段，产品还在从生命周期的导入期向成长期转变的过程中。艺术涂料的发展，给涂料行业的发展带来一片生机。然而，艺术涂料在当前的发展中还存在很多问题。比如，现在并没有专项的艺术涂料国家标准或行业标准，产品检测时，只能参照普通内外墙涂料现有标准，有些特殊产品就没法用。再如，艺术涂料的施工工艺，各厂家不尽相同。因此，产品与工艺的标准化，已成为目前艺术涂料发展亟须解决的问题。

艺术涂料施工是一项具有较高专业性的技术活，当前市场上掌握这项技能的施工人员还很少，绝大多数厂家也比较保守，要想学到技术，必须先付费，成为厂家的经销商才可以受到培训，甚至很多小厂自己也是一知半解。这种封闭式发展模式很不利于行业做大。

虽然艺术涂料在国内有十几年的发展时间，但与艺术涂料技术和施工培训相关的教材几乎是个空白。基于这种现状，为了给行业发展提供一些帮助，我们利用自己多年的技术研发和施工经验，一起编写了本书。同时，我们也希望更多的业内专家加入进来，多提意见，多编写一点关于艺术涂料技术和施工的书，为行业发展出点力。

姜年超曾参与编写《建筑涂料与涂料工》《城市建筑涂装知识问答》等关于涂料技术和施工类的培训教材，也参加过涂料产品的国家和行业标准的制定，这些内容在编写过程中可以参考的资料还是比较多。而这次编写艺术涂料的教材，难度大了很多，艺术涂料的行业书籍几乎没有，可参考的文献太少。因此，本书有很多不足的地方，还有待完善，请广大读者和业内专家多指正。

本书在编写过程中得到墙酷新材料（厦门）股份有限公司的大力支持，包括技术研发、技术支持、设计等人员，在此一并感谢！

姜年超

2020 年 6 月 18 日

第一章

什么是艺术涂料

第一节　什么是艺术涂料

艺术涂料是涂料行业依据装饰效果不同，细分出来的高端建筑涂料。与以往对涂料的分类不同的是，艺术涂料既不是以产品成膜物质划分，也不是以产品性能或用途划分，而是以产品施工手法和装饰效果来分类的。除了产品本身性能有所不同外，艺术涂料呈现更多的是施工工具和手法的特殊性，从而使涂料最终达到多层次、多色彩和丰富肌理等装饰效果。艺术涂料对施工人员来说，可创造性很强，更易体现出个性，符合当下市场消费需求。

艺术涂料有狭义与广义之分。狭义上，艺术涂料指的是室内艺术涂料，用来仿墙纸、石材、木纹等，常见产品有丝绒类、多彩珠光类、批刮仿石类、布纹类、擦色做旧、印花肌理等。广义上，艺术涂料指的是使用多种手法和工具施工，可实现丰富层次感的建筑涂料，常见产品除了上述产品外，还有通过批、刮、喷、擦等多手法施工的相关外墙涂料产品，如多彩石、石灰石、洞石、清水、新夯土等，也可以包括以涂料为基础的彩绘、壁画工艺。本书所介绍的艺术涂料主要为狭义上的产品，但也附带介绍了部分广义上的产品。

艺术涂料虽然由传统涂料技术升级而来，但其市场竞争的主要对象却不是普通涂料，而是墙纸、石材，以及新的市场需求带来的发展空间。艺术涂料代表着新时代个性化、差异化的市场发展趋势。

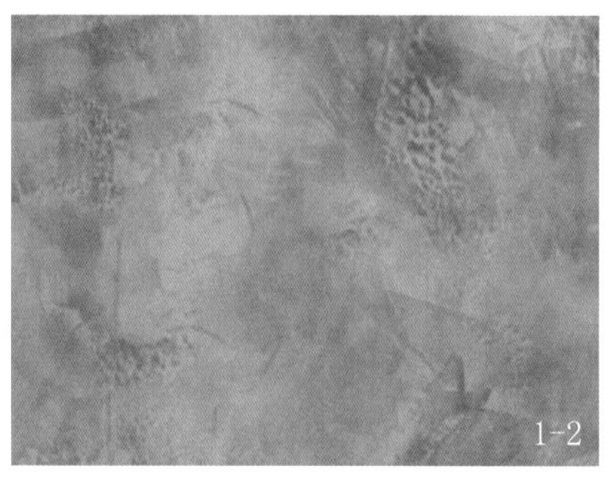

图 1-1 幻彩艺术砂涂料样板

图 1-2 灰泥艺术涂料样板

第二节　艺术涂料的起源

一般认为艺术涂料起源于文艺复兴时期的欧洲。那时的欧洲出现了大量的哥特式建筑，这些建筑的出现推动了那个时代早期艺术涂料的风潮。即使是一般的中产阶级家庭，只要能够得到一些不同寻常的亮色涂料，就会把它使用在自己的建筑里。这促使了艺术涂料在欧洲的快速发展。

从广义上来说，艺术涂料在中国一直都存在，各类古建筑涂料、艺术品涂装，都有着艺术涂料的影子，但通常意义下用于普通建筑装饰的现代艺术涂料，还是由欧洲引入。近十几年来，随着国内建筑装饰风格的演变和发展，艺术涂料以其新颖的装饰风格、不同寻常的装饰效果，以及高耐用性，备受市场的欢迎和推崇。经过不断发展和完善，这种既符合普通民众需求又满足个性化需求的产品日趋成熟。

艺术涂料广泛应用于建筑的内外墙装饰，比如高端宾馆、会所、度假酒店、艺术空间、别墅豪宅、时尚个性化家庭等。

图 1-3 稻草艺术涂料应用于门庭

图 1-4 麻面珠光布艺艺术涂料应用于客厅

图 1-5 三色珠光艺术涂料应用于卧室

图 1–6 幻彩变色艺术涂料应用于背景墙

图 1–7 夯土艺术涂料应用于酒店外墙

图 1–8 法式石灰石应用于别墅外墙

图 1–9 清水混凝土艺术涂料应用于走廊

第三节 艺术涂料与传统墙纸、墙布相比的优势

作为墙纸、墙布的主要替代品，艺术涂料与墙纸、墙布相比有着独特的优势。墙纸、墙布在中国市场上的应用已有很长一段时间，不仅在色彩和层次上丰富多彩，装饰效果更是突显高端豪华，是很多高品质装修的首选壁材。但是墙纸、墙布的耐用性较差，尤其在我国南方地区，气候潮湿，很容易出现发霉和起皮现象。客户在二次装修或置业时，就很少再选择墙纸、墙布了，而艺术涂料正好弥补了这一不足：

1. 艺术涂料不会起皮。艺术涂料通过喷涂、抹涂等多种工艺施工，在施工过程中不使用不耐水的胶黏剂，涂料在干燥过程中，渗透成膜，与墙面形成了一个整体，即使长期使用，也不会起皮脱落。而墙纸、墙布是通过粘贴到墙面上的，胶黏剂为水溶性的，只要墙面受潮，胶的作用就消失，从而出现起皮脱落现象。

图 1-10 艺术涂料扫砂样板

图 1-11 墙纸样板

图 1-12 艺术涂料应用于客厅

图 1-13 墙纸受潮脱落

1-10

1-11

2. 艺术涂料不会发霉。而墙纸、墙布更易产生发霉问题，这主要是两个原因导致的，一个原因是墙纸、墙布在使用中容易降解，成为霉菌的营养源，导致墙面发霉；另一个原因是胶黏剂多为淀粉胶，也是霉菌很好的营养源，这就加剧了霉菌的生长。

1-12

1-13

3. 艺术涂料可任意调配色彩，并且图案可以自行设计。而墙纸、墙布的花色品种由工厂统一设计生产，色彩和图案都是固定的。

4. 艺术涂料方便修补和二次装修，不用处理基材就可重新涂刷另外一种自己喜欢的颜色，使家居色彩焕然一新。而墙纸、墙布相对来说，二次翻新的难度就大了很多。

图 1-14 墙纸应用于卧室

图 1-15 天鹅绒擦色艺术涂料样板

图 1-16 墙布样板

图 1-17 大漠艺术沙应用于客厅

第四节　艺术涂料与硅藻泥的区别

近十年来，家居墙面装修出现了很多新材料，个性化、有特色的产品越来越受到消费者的喜爱，其中硅藻泥就是一款曾经很流行的墙面装修材料。

硅藻泥产品的核心组成是硅藻土，而硅藻土是多孔性的天然矿物材料，具有很强的吸附性，被部分企业用来制作成装饰材料，以达到吸附甲醛、吸附潮气的作用，从而起到一定的环保效果，也能平衡空气中的湿度。从表面看，这一功能原理是说得通的，但实际应用就不是这么回事了，主要原因有如下几点：

1. 硅藻泥只能吸附空气中的甲醛等有害物质，但不能对其进行分解和消除。吸附的有害物质最终会被逐步释放出来，被人体吸收，对人体造成伤害。

2. 硅藻泥平衡空气湿度的能力非常有限。正常家居环境是开放式的，硅藻泥所吸收的水分远远不能与空气中的湿气相比。

3. 硅藻泥的主要成分是硅藻土，为了保证其多孔性不被破坏，配方中一般不添加有机胶黏剂，而是用无机凝胶，这样的粘接强度是非常有限的。因此，使用一两年后，硅藻泥会有脱粉现象，如果弄脏了，也没法擦洗，一擦会掉一片。有些厂家为了解决这一问题，就在产品中加入大量的水泥，或干脆用乳液制成浆状涂料，称为改性或水性硅藻泥。这样的产品，的确能擦洗，不掉粉，但已经失去原本意义了，没有硅藻泥的功能，也就不是真正的硅藻泥。

事实上，硅藻泥涂料本身缺乏产品生命逻辑，是短期市场运作而产生的，这种产品没有经过市场检验，在国外市场也没有。基于硅藻泥本身的不足，当前市场需求正在快速下降，但硅藻泥在国内发展的十几年时间里，创造了很多施工工艺，得到了市场的认可。而这些有价值的工艺正被艺术涂料传承下来，以至于有些用户分不清硅藻泥与艺术涂料的区别。

从市场趋势来说，艺术涂料正在全面取代硅藻泥，在工艺、色彩上，艺术涂料更丰富，产品也更耐用。

图 1-18 艺术涂料

图 1-19 硅藻泥

第五节 常见艺术涂料介绍

艺术涂料按使用场所的不同，可分为内墙艺术涂料和工程艺术涂料，下面按这两大类进行阐述。

一、常见内墙艺术涂料

1. 麻面珠光布艺艺术涂料

麻面珠光布艺艺术涂料是一种装饰后有酷似布纹般立体观感的涂料，能够在简约低调的气质中透露出屋主与众不同的生活品位，给人以沉稳踏实、内涵深厚的感觉。麻布的纹理加上独特的触感，很有中式风格的仪式感，适用于高端酒店、书房等。

图 1-20 麻面珠光布艺压花艺术涂料样板

图 1-21 麻面珠光布艺布纹艺术涂料样板

图 1-22 麻面珠光布艺艺术涂料应用于餐厅

2. 肌理艺术涂料

肌理是指物体表面的组织纹理结构，即各种纵横交错、高低不平、粗糙平滑的纹理变化，是表达人对设计物表面纹理特征的感受。它一方面是作为材料的表现形式而被人们所感受，另一方面则体现在通过先进的工艺手法，创造新的肌理形态。不同的材质、不同的工艺手法可以产生各种不同的肌理效果，并能创造出丰富的外在造型形式。肌理艺术涂料触感柔和细腻，弹性较好，具有亲和力，视觉效果上立体感、层次感更强。

3. 骨浆浮雕艺术涂料

骨浆浮雕艺术涂料采用复层涂料的涂装工艺，基层由具有一定柔韧性的骨料组成，可以制成丰富的立体造型，适合于喷涂、滚涂、拉毛、批涂、刷涂等多种工艺，可以选用水性色浆对骨浆进行着色，也可以在造型成型固化后，通过喷涂、刷涂、滚涂等施工工艺对建筑物表面进行覆色。骨浆浮雕艺术涂料是一种立体质感逼真的彩色墙面涂装艺术质感涂料，它不仅是一种全新的装饰艺术涂料，同时使装潢艺术有了更完美的表现，适用于各种高档场所、家居电视沙发背景等。

图 1-23 肌理艺术涂料应用于客厅

图 1-24 肌理印花艺术涂料样板

图 1-25 肌理艺术涂料样板

图 1-26 骨浆浮雕艺术涂料应用于商场

4. 灰泥艺术涂料

灰泥艺术涂料盛行于欧美、日本、马来西亚等地，后传入中国，现在已被越来越多地运用到各种高档装饰装修中。它是一种由聚氨酯乳液、天然石灰岩、无机矿土、超细硬质矿粉等混合而成的浆状涂料，通过各类批刮工具作用于墙面，产生各类纹理。其艺术效果明显，质地和手感滑润，是比较流行的艺术涂料代表。其花纹讲究若隐若现，有三维感，表面平滑如石材，光亮如镜面。灰泥艺术涂料根据施工工艺，做出的花纹可分为随意的大刀纹、规整的叠影纹理、浮雕点状批涂、批金马来、刻金马来等。

在房地产装修中，大堂和楼道的装修必不可少，过去常用的产品是瓷砖，但由于电梯运行的振动及墙壁的收缩变化，瓷砖空鼓脱落的问题一直都困扰着开发商和物业，网上也常常有因瓷砖脱落造成人员伤亡事件的报道。用灰泥产生的瓷砖效果不是传统的真石漆、多彩涂料能比的：其色彩浓淡相宜，效果富丽华贵，晶莹剔透；独特的施工手法和蜡面工艺处理，使其手感细腻，具有玉石般的质地和纹理；表面平滑，硬度高，光泽好，纹理自然；施工中可以随着墙体造型变化，有大板、异型板的效果；可以在上面加入金属条进行分隔处理，渲染出华丽的效果；易操作，可大面积施工，有很好的防水功能，易清理，应用广泛。其装修档次与安全性都好于瓷砖。

图 1–27 灰泥擦色艺术涂料样板

图 1–28 灰泥艺术涂料应用于走廊

1-27

1-28

5. 石纹彩艺术涂料

石纹彩艺术涂料拥有浑然天成的石纹效果、无与伦比的高端气质。石纹彩涂层具有超乎想象的变幻纹理，它用简单的施工方式，即可涂饰出自然的、真实的石纹；可平面涂饰，也可做圆柱弧形体表面。石纹彩艺术涂料将环保、健康、美观的特点融为一体，集光亮、典雅、高贵于一身，适用于棚面、罗马柱、背景墙等。

图 1-29 石纹彩艺术涂料应用于餐厅

图 1-30 石纹彩艺术涂料应用于客厅

6. 幻彩变色艺术涂料

幻彩变色艺术涂料是一种含幻彩变色的金属粉通过水包水工艺，经特殊的保护胶包裹成的彩色颗粒制造出的涂料；通过两种或多种不同颜色的涂料可呈现出幻彩变色效果，适用于有个性的家庭全屋使用、背景墙、夜场迪吧等。

1-31

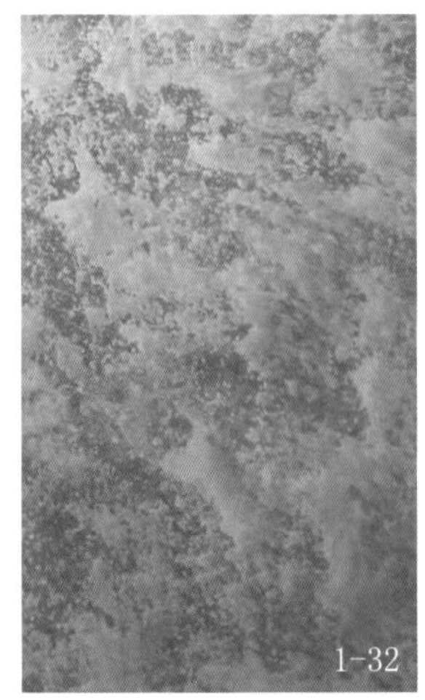
1-32

7. 梦幻彩装艺术涂料

1-33

梦幻彩装艺术涂料可以通过高光的珠光底涂搭配不同色的点状哑光面涂，或哑光底涂搭配不同色的点状珠光面涂，来体现出梦幻般的彩装艺术气息。面涂可通过天然海藻滚筒滚点，或天然海藻绵拍点。

1-34

梦幻彩装

图 1-31 幻彩变色艺术涂料应用于客厅

图 1-32 幻彩变色艺术涂料样板

图 1-33 梦幻彩装艺术涂料样板

图 1-34 梦幻彩装艺术涂料应用于客厅

8. 金属艺术涂料

金属艺术涂料又称 3D 金箔、银箔等，由不同底色和珠光面漆组成，通过羊皮滚筒、羊皮布等专用的工具，或滚涂或拍点于墙面上，然后压平，可呈现风格迥异的梦幻艺术图案。其光鲜亮丽的色泽、随意创作的花色，可借助不同的光线，展现不一样的迷人色彩，每一个角度看上去都有不一样的感觉，给空间意想不到的惊喜。图案随意、细腻、无接缝、不起皮、不开裂，底色和面色可以自由搭配，图案可任意创作；可以做出单色、双色、三色和多色的效果。其性能卓越、无毒无味、无污染、涂膜附着力强、阻燃、耐擦洗、耐酸碱、不褪色，适用于家庭住宅、酒店、办公楼、医院、学校等各种场合的内墙墙面、天花、石膏板、木间隔等。

1-35

1-36

图 1-35 金属艺术涂料样板

图 1-36 金属艺术涂料应用于客厅吊顶

9. 印花艺术涂料

印花艺术涂料是墙面艺术施工中一种用于制作立体花纹的水性涂料。其主要采用聚氨酯乳液、助剂、矿物填料等精制而成。印花艺术涂料采用 80 ～ 120 目印花模具施工，浮雕印花漆采用 40 目浮雕印花模具施工。在操作施工过程中，施工人员可根据使用需要，参照色卡对原产色进行调色。印花艺术涂料在印花工艺中可直接从包装罐内取出进行施工操作，无须稀释勾兑。

10. 闪光艺术石涂料

闪光艺术石展现的是典雅闪烁、魅力动感的艺术效果。闪光艺术石带有细小的颗粒，具有浅淡光泽的闪光效果。其呈现的效果华贵而时尚，在不同角度、不同光泽下，闪现着明暗变化的光芒。这种闪烁却不张扬，其典雅但不低调的艺术魅力获得了诸多设计师与客户的喜爱与追捧。闪光艺术石适用于别墅、酒店、展厅、会所、餐厅等，内墙以及顶部灯池也适用。

图 1-37 肌理漆印花样板

图 1-38 肌理艺术涂料应用于书房

图 1-39 闪光艺术石涂料样板

图 1-40 闪光艺术石涂料应用于商场

11. 雅晶艺术石涂料

雅晶艺术石涂料是一种具有特殊质感装饰效果的涂料，由聚氨酯乳液、精细分级的磨圆石英砂、粉料、助剂、水等精制而成。其特点是防水透气性佳、附着力强、环保无毒、施工简单、表现质感效果独特、柔韧性佳、能有效桥连和覆盖墙体细小的裂缝，同时也具有很好的消音效果。雅晶艺术石涂料的纹理古朴典雅，表现出深思的简洁与低调的张扬，适用于办公室、酒店、娱乐场所、家庭等。

12. 幻彩艺术砂涂料

幻彩艺术砂涂料由水性聚氨酯与多种颜料、矿物填料、助剂等精制而成。其底色有深蓝、深紫、深灰等，面色有幻紫、幻绿、幻红、幻蓝、幻金等。其从不同角度看能呈现出不同的色彩变幻，适用于各类华丽性建筑物的室内装修。

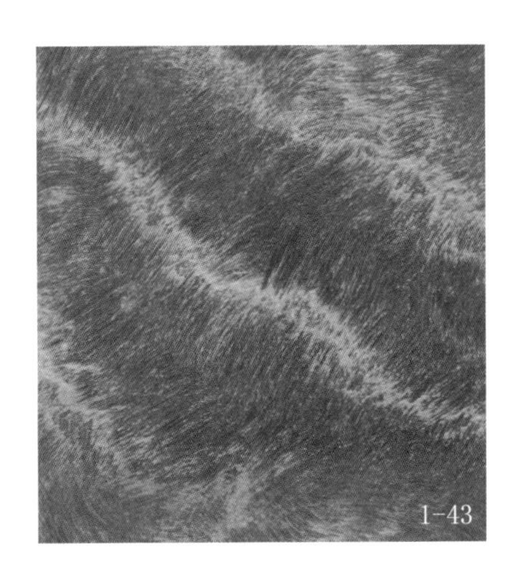

图 1-41 雅晶艺术石涂料样板

图 1-42 雅晶艺术石涂料应用于客厅

图 1-43 幻彩艺术砂涂料样板

图 1-44 幻彩艺术砂涂料应用于客厅

13. 大漠艺术沙涂料

大漠艺术沙涂料采用水性聚氨酯、金属颜料、硅砂、助剂等精制而成，装饰效果犹如连绵不断的沙堆，展示了沙漠无边无际的宽广壮观及粗犷豪情。其特点是天然环保、风格粗犷、防霉抗菌、防火阻燃、耐擦洗、耐酸碱、不起皮、不脱落、不褪色、不粉化，适用于各类华丽风格和艺术风格建筑物的室内装饰。

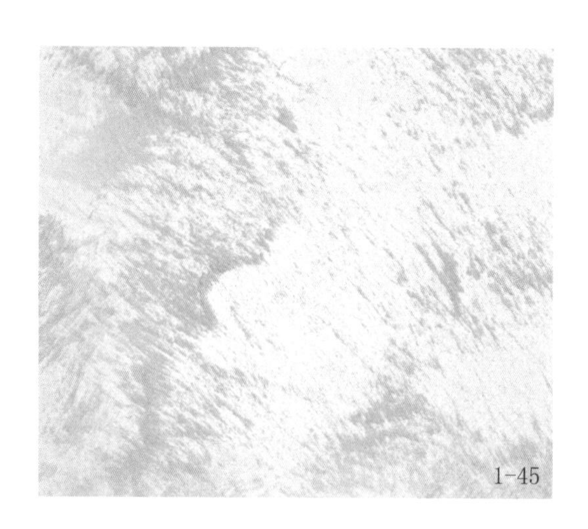

14. 天鹅绒艺术涂料

天鹅绒艺术涂料由水性聚氨酯、金属颜料、特殊填料、助剂等精制而成，产品效果独特，表面具有丝绒般细腻的手感和金属光泽效果，让人瞬间拥有柔软的感觉。其可根据需要进行色彩搭配，同时其具备施工简便、使用寿命长、防水可洗等优点，适用于别墅、酒店、办公室、娱乐场所、学校、商场等，并可搭配古典或现代不同的装饰风格。

图 1-45 大漠艺术沙涂料样板

图 1-46 大漠艺术沙涂料应用于客厅

图 1-47 天鹅绒艺术涂料样板

图 1-48 天鹅绒艺术涂料应用于卧室

二、常见工程艺术涂料

1. 清水混凝土艺术涂料

清水混凝土艺术涂料是现代主义建筑的一种表现手法，因其极具装饰效果，也称装饰混凝土艺术涂料。其基本做法是，混凝土浇筑后，不再有任何覆盖性涂装和装饰，建筑表面呈现出原始混凝土的状态。清水混凝土艺术涂料有着独特的清洁感、素材感等出色的美学表现。时下随着工业风、北欧风的盛行，清水混凝土质感的东西越来越受到大家的喜爱。小到清水混凝土摆件、饰品，大到清水混凝土墙面、地面。清水混凝土艺术涂料是现代社会的产物，无论是大面积使用，还是用作局部的点睛之笔，搭配简约风、北欧风、现代风，有一种粗犷而细致的美感。

1-49

1-50

1-51

稻草漆

2. 稻草艺术涂料

稻草艺术涂料又称生态稻草漆，是最原始、最朴素、最温馨宜人的建筑涂料。其怀旧但又不失时尚，复古但更具艺术化，低调却很高雅，颜色接近自然。稻草艺术涂料的真实效果，辅以粗颗粒的肌理纹路，能够呈现出不同的效果，淳朴自然、高贵典雅。稻草艺术涂料通过大面积的墙面为空间增添自然感，流畅又带有自然气息的色度让人安心。

稻草艺术涂料采用稻秆、微空粉末、石英粉等天然材料精制而成，产品十分环保，不用担心会产生甲醛、VOC 排放等问题。其内外墙都可使用，外墙适用于生态建筑中的别墅，内墙适用于茶室、餐厅、书吧等。

图 1-49 清水混凝土艺术涂料应用于室内

图 1-50 稻草艺术涂料样板

图 1-51 稻草艺术涂料应用于书房

3. 土耳其洞石艺术涂料

土耳其洞石艺术涂料的设计灵感来源于自然、质朴而又具有古典尊贵气质的天然洞石纹理，以无机矿粉、石英砂等为主要原材料，结合天然纤维和无机黏接剂技术，配以优质颜填料精制而成。其质感硬朗，色泽醇厚，肌理清晰，在细腻与粗犷中演绎高雅脱俗的生活品位，适用于家庭、别墅、宾馆、酒店 KTV、住宅楼等。

4. 法式石灰石艺术涂料

石灰石作为一种天然石材，在现代高档建筑外墙装饰中的应用越来越广泛。而法式石灰石艺术涂料是市场上一款高端新型仿石建筑涂料，其涂膜具有天然石灰石的质感，装饰性强，仿真度可达 80% 以上，主要用于仿制石灰石，并在仿制德国米黄、莱姆石等异形纹理石材中也有逼真的效果。

此外其还具有优良的耐水性、耐候性等特点，适用于高档写字楼、别墅等建筑物的外墙。法式石灰石艺术涂料正在引导着建筑涂料和外墙装饰效果的发展方向。法式石灰石涂料的施工工艺是利用中涂层、效果涂层和罩面涂层的复合方式，采用特制的施工工具，制作了仿石灰石效果的复合涂层。该复合涂层仿真度高，具有天然石灰石的质感，涂层坚固、装饰性强、抗裂性高、耐水性佳、耐沾污性佳，完全可以替代天然石灰石。

图 1-52 土耳其洞石艺术涂料样板

图 1-53 土耳其洞石艺术涂料应用于外墙

图 1-54 法式石灰石艺术涂料应用于别墅外墙细节图

图 1-55 法式石灰石艺术涂料应用于别墅外墙

5. 夯土艺术涂料

夯土是最基础的建筑材料之一，也是跟随人类最久的建筑材料之一。直至今日，包括未来，它也还会一直在人类社会存在。

万里长城、故宫、马王堆汉墓、秦始皇陵等一些古建筑的地基都是夯土。事实上，在古代，能够应用夯土的都是王公贵族。原因一是夯土的制作在古代还是比较困难的，二是使用夯土的建筑，一般面积都很大，需要非常多的劳动力来进行高强度的体力劳动，往往需要成千上万的劳动力，只有王公贵族才能组织。

在现代建筑当中，夯土扮演的角色有两种，一种是夯土艺术涂料，一种是直接做墙体。夯土艺术涂料直接上墙，尽量呈现夯土的特点，呈现原生态自然美观的艺术效果。

1-56

1-57

图 1–56 夯土艺术涂料样板

图 1–57 夯土艺术涂料应用于内墙

6. 艺术多彩石艺术涂料

艺术多彩石艺术涂料用精选的硅丙乳液做连续相，且乳液含量高于30%。其特点是耐水、耐紫外线、使用寿命长。其既有荔枝面的天然石头的质感，又有花岗岩的高雅大气。其表面虽是凹凸感状态，但因为乳液将彩砂完整包裹，并且在其表面涂有一层特制的自清洁罩光漆，使其具有疏水、去污的特性，使墙面不沾污渍，经雨水冲刷过后，亮丽如新，人工清洁更容易。

图1-58 艺术多彩石艺术涂料应用于外墙

图1-59 艺术多彩石艺术涂料样板

图1-60 艺术多彩石艺术涂料应用于外墙

第二章

艺术涂料的组成与技术原理

第一节　艺术涂料的主要成分

艺术涂料实际是由多种涂料构成的特种涂料集合，不同品种之间，配方结构也有所不同。本章仅就最常见的艺术涂料进行介绍，包括天鹅绒艺术涂料、大漠艺术沙涂料、肌理艺术涂料等。

基本结构上，艺术涂料与普通涂料类似，由成膜物质、颜填料、助剂及分散介质等多种不同物质经混合、分散、吸附而制成，各个组分具有不同的功能，在涂料中所起的作用各不相同。黏度与色彩设计是艺术涂料与普通涂料的最大区别了，黏度分为低剪、中剪、高剪三种，不同产品、不同施工工具，黏度设计完全不同；而色彩上，艺术涂料侧重于多色彩、多层次。

一、成膜物质

1. 什么是成膜物质

成膜物质又叫基料，它的作用是将涂料中的其他组分黏结并附着在被涂基材的表面，形成均匀连续而坚韧的保护膜。因此，成膜物质的性能对涂料及涂膜的硬度、柔性、耐磨性、耐冲击性、耐水性、耐酸碱性、耐候性及其他物理化学性能起到决定性的作用。

2. 涂料的成膜过程

涂膜的性能是由涂膜的组成和结构决定的，艺术涂料的成膜是一个从分散着的聚合物颗粒和颜料、填料颗粒相互聚结成为整体涂膜的过程。涂料施工后，随着水分逐渐挥发，原先因静电斥力和空间位阻稳定作用而保持分散状态的聚合物颗粒和颜料、填料颗粒逐渐靠拢，但仍可自由运动。随着水分进一步挥发，聚合物颗粒和颜料、填料颗粒表面的吸附层被破坏，成为不可逆的相互作用接触，形成紧密堆积。乳液聚合物颗粒变形，聚结成膜，同时聚合物界面分子链相互扩散、渗透、缠绕，使涂膜性能进一步提高，形成具有一定性能的连续膜。此阶段水分主要是通过内部扩散至表面而挥发的，所以挥发速度很慢。另外还有成膜助剂的挥发。

艺术涂料的成膜主要是靠水分的挥发，水分的挥发速率不仅与其所含成膜助剂和各种助剂有关，而且与施工环境的温度、相对湿度等有关，还与基层的温度、含水率、吸水性有关。艺术涂料成膜还有一个关键性的条件是施工时的环境温度和基层温度必须高于艺术涂料的最低成膜温度。一般在 5℃以上的环境下能成膜。

3. 艺术涂料成膜物质的主要种类

水性涂料中，成膜物质一般为乳液，乳液的品种很多，常用的有苯乙烯－丙烯酸共聚乳液（苯丙）、纯丙烯酸共聚乳液、醋酸乙烯－丙烯酸共聚乳液、醋酸乙烯－乙烯共聚物乳液、有机硅改性丙烯酸共聚乳液、氯乙烯－偏氯乙烯共聚物乳液、有机硅乳液、氟碳乳液、聚氨酯乳液等。

普通艺术涂料多选用苯丙乳液，而好一点的则选用纯丙乳液，高端艺术涂料厂家则会选用水性聚氨酯，性能会更加出色。

4. 乳液的主要参数

（1）**最低成膜温度（MFT）**：在聚合物乳液形成连续涂膜的过程中，聚合物粒子必须要变形，形成紧密堆积排列构型。因此，形成连续薄膜的条件除了乳液需分散良好以外，还有聚合物粒子的变形。水分蒸发时，各个球形粒子之间排得越来越紧密；当粒子互相接触时，水分蒸发产生的压力就迫使粒子被挤压变形而互相黏结，形成涂膜。显然，较硬的聚合物粒子受到外压力时不易变形，较软的聚合物粒子变到外压力时较容易变形。艺术涂料中使用的乳液，其聚合物粒子大部分为热塑性树脂，温度越低其硬度越大越难变形。因此，艺术涂料成膜有一个最低成膜温度，即在低于某一特定的温度条件下，乳液中的水分蒸发以后，聚合物粒子仍然是离散状态的，并不能融为一体，因而乳液不能因为水分蒸发而形成连续的均匀涂膜。在低于乳液最低成膜温度的情况下，艺术涂料成膜是一个微观现象，用宏观方式画图，表现如图 2-1。

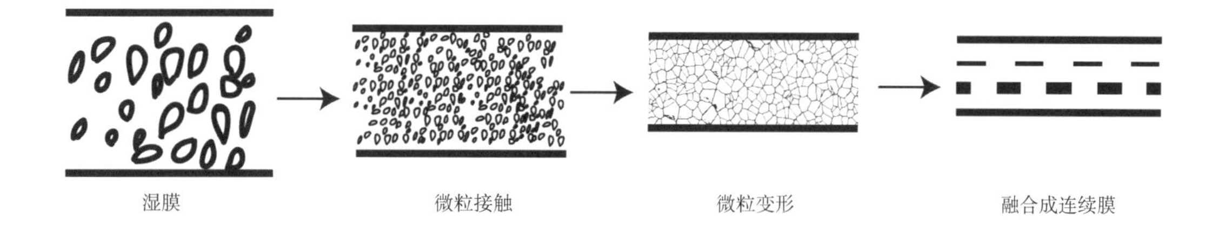

图 2-1 涂料成膜示意图

如果环境温度低于最低成膜温度，艺术涂料就不能形成连续的涂膜，而是龟裂成像水田干旱后一块一块的状态；而如果高于最低成膜温度，水分蒸发时，各复合物粒子中的分子会渗透、扩散、变形、聚集形成连续透明的薄膜。这个能够成膜的温度下限值就叫作最低成膜温度，是乳液的一个重要应用指标，对于低温季节乳液的使用是特别重要的。

（2）**玻璃化温度（Tg）：** 玻璃化温度也称二次转变温度，是指高聚物由弹性状态转变为玻璃态的温度，是高聚物的一个重要性能指标。在该温度以上，高聚物表现出弹性；在该温度以下，高聚物表现出脆性。聚合物乳液是高聚物的一种，其玻璃化温度反映聚合物乳液形成涂膜后硬度的大小。玻璃化温度高的乳液，涂膜硬度大，光泽度高，耐沾污性好，不易污染，其他力学性能相应也好些。但是，玻璃化温度高，最低成膜温度也高，这给低温时施工带来一定的麻烦。而且聚合物乳液在达到某一玻璃化温度时，其许多性质都发生重要的变化。对于艺术涂料生产中使用的聚合物乳液，必须控制适当的玻璃化温度。艺术涂料用乳液聚合物一般是热塑性的，在某一温度下呈橡胶状态。将其冷却就会逐渐表现出刚性，但直至达到玻璃化温度为止，还一直保持着能够变形的黏弹性质。一旦冷却到低于玻璃化温度后，聚合物就变成玻璃态的脆性物质而不能成膜了。

乳液的玻璃化温度取决于共聚物的组成，能形成刚性聚合物的硬单体和形成柔软聚合物的软单体，两者可根据需要搭配使用。

乳液的玻璃化温度还可以通过加增塑剂进行二次调节，但增塑剂有迁移和挥发的问题，故在使用时要注意。

（3）**外观：** 乳液的外观通常是乳白色并微微泛蓝色。乳液是否泛蓝色，取决于乳液粒子的大小。一般来说，乳液粒子越小，乳白色的乳液泛蓝色就越明显。

（4）**固体含量：** 固体含量是乳液或涂料在规定条件下烘干后剩余部分占总量的质量百分数，其实叫“不挥发份含量”更确切。高固含量乳液并无明确的定义，一般认为固含量大于 60% 即为高固含量乳液，它与固含量在 50% 以下的乳液相比，具有生产效率高、运输成本低、干燥快、能耗低等优点，现已成为许多研究者的研究热点。

（5）**pH 值：** pH 值是表示溶液酸性或碱性程度的数值。pH 值越趋向于 0，表示溶液酸性越强；反之，越趋向于 14，表示溶液碱性越强。在常温下，pH=7 的溶液为中性溶液。

建筑涂料用乳液的 pH 值一般在 7 ～ 9 之间，呈现出弱碱性。

测定溶液 pH 值的方法：

① 使用 pH 指示剂。在待测溶液中加入 pH 指示剂，指示剂会因为不同的 pH 值产生颜色变化，根据指示剂的研究就可以确定 pH 值的范围。滴定时，可以做精确的 pH 值标准。

② 使用 pH 试纸。pH 试纸可分为广泛试纸和精密试纸。用玻璃棒蘸一点待测溶液到试纸上，然后根据试纸的颜色变化对照标准比色卡就可以得到溶液的 pH 值。因为 pH 试纸以氢离子来量度待测溶液的 pH 值，但油中不含氢离子，因此 pH 试纸不能够显示出油分的 pH 值。

③ 使用 pH 计。pH 计是一种测定溶液 pH 值的仪器，它通过 pH 选择电极（如玻璃电极）来测定出溶液的 pH 值。pH 计可以精确到小数点后两位。

二、颜填料

在艺术涂料中，颜料和填料也是构成涂膜的重要组成部分，但它本身不会单独成膜，必须通过成膜物质的作用，与主要成膜物质一起构成涂层。其作用是使涂膜呈现颜色和遮盖力，增加涂膜硬度，减缓紫外线破坏，提高涂膜的耐久性。

（一）颜料

1. 颜料的定义及作用

颜料是一种不溶于水、溶剂或涂料基料的细微粉末的有色物质，能均匀分散在涂料介质中，涂于物体表面能形成有色层，形成不同色彩的装饰效果。颜料在涂料中不仅能使涂层具有一定的遮盖能力，增加涂膜色彩，还可以为涂料提供更多的物理和化学性能的改善，如遮盖力、耐光性、耐温性、耐化学药品性、提升光泽和机械强度等。而且好的颜料还有屏蔽紫外线对基料的穿透作用，从而可以提高涂层的耐老化性及耐候性。此外，在涂料中使用功能性颜料可以赋予涂料特殊性能，如特种装饰效果的金属质感、珠光光泽、夜光、荧光等。

2. 颜料的分类

颜料的品种很多，按其化学组成可分为有机颜料和无机颜料，按其来源可分为天然颜料和合成颜料。颜料主要用来使涂料具有色彩和遮盖力，因此人们又称之为着色颜料。

（1）**有机颜料：**有机颜料色谱范围广，具有鲜艳的颜色，色调明亮，但耐候性较无机颜料差。常用的有机颜料有酞菁蓝、酞菁绿、炭黑、大红、耐晒黄、橘色、紫色等。

（2）**无机颜料：**无机颜料具有优秀的耐候、耐碱、耐热性，价格较有机颜料便宜，但颜色相对比较暗，着色力也较差。艺术涂料中使用最广泛的无机颜料有氧化铁红和氧化铁黄等，白色颜料有钛白等。

（3）**天然颜料：**天然颜料是指从植物或矿产资源中获得的、不经人工合成，很少或没有经过化学加工的颜料。植物颜料是从植物的根、茎、叶及果实中提取出来的如靛蓝、茜草、紫草、红花等。矿物染料是从矿物中提取出来的，如朱砂、群青、锰棕等。

（4）**合成颜料：**合成颜料通过人工合成，如钛白、锌钡白、铅铬黄、铁蓝等无机颜料，以及大红粉、偶淡黄、酞菁蓝、喹吖啶酮等有机颜料。

3. 颜料的性能

颜料是生产艺术涂料必不可少的组成部分，人们对其性能要求很高，如颜色、遮盖力、着色力、吸油量、耐光性、耐候性、耐酸性、耐碱性、分散性等。

（1）**颜色：**颜色是颜料性能中最富个性的性质。颜料的颜色主要取决于其化学组成和结构，还与光源、颜料粒径和感知颜色的人等因素有关。

（2）**遮盖力：**遮盖力是颜料的另一重要性能。在涂膜中遮盖底材表面颜色的能力叫遮盖力。颜料在涂料中的体积浓度和颜料本身的结构性能是影响涂料遮盖力的主要因素。高档涂料中钛白粉含量高，而钛白粉在干、湿涂膜中都能表现出很好的遮盖力，因此高档涂料的干、湿遮盖力都较好。而低档涂料中钛白粉含量低，湿涂膜的遮盖力差，随着涂料体系中 PVC 的提高，涂膜完全干燥后会表现出很好的干遮盖力，但涂膜中其他的性能会有所下降，如耐擦洗等。而像黑色颜料、无机的氧化铁红和氧化铁黄颜料，本身具有非常好的遮盖力，用此颜料调成的色漆具有优秀的遮盖力。鲜艳的有机颜料如柠檬黄、橘红、紫色、大红等，由于本身的结构导致其遮盖力较差。

（3）**着色力：**颜料的着色力分绝对着色力和相对着色力。绝对着色力，是基于颜料的吸光性，即在最大吸收波长或在整个可见光谱的总体吸光系数（后者可以按照不同光谱的分量）。相对着色力，是样品与标准品之间，吸光系数进行比较得到的相对值。在达到相同色深时，样品颜料的数量与标准颜料的数量相匹配的比值。不是总能找到精确的匹配，因为两者之间存在色光的固有差异，这种差异不能仅靠数量来消除，其颜色差异可以通过 CIE*LAB 系统表述出来。

颜料的着色力根据颜料的应用条件，即展色方法不同，以及测定方法、评价方法不同，会有不同的结果。着色力越强，配制相同颜色，颜料的用量就越少。炭黑是所有颜料中着色力最好的品种。

（4）**耐候性：**颜料的耐候性是指在室外大自然条件下（如光照、

冷热、风雨、细菌等），其颜色的稳定性。

决定颜料耐候性的主要因素是颜料的化学组成和结构，还与周围介质以及颜料粒径有关。一般来说，无机颜料耐光性和耐候性比有机颜料好，但也不是绝对的。无机颜料受阳光和大气作用，颜色会变暗、变深，而有机颜料则大多会出现褪色，但选择耐候和耐光性好的颜料这种情况会有所改善。颜料的耐候性可通过自然曝晒或人工老化机进行老化测定。

（5）**耐碱性：**好多艺术涂料的基层一般是水泥砂浆和混合砂浆抹灰层，呈碱性，所以所用颜料必须耐碱。

4. 常用的颜料

（1）**钛白：**钛白是最常用的白色颜料，化学名称为二氧化钛，是一种惰性颜料，无毒；不仅具有良好的白度、着色力和遮盖力，而且有很高的化学稳定性、耐热性和耐候性。用钛白粉制备的涂料，色彩鲜艳，涂膜寿命长。

钛白的黏附力强，不易起化学变化，主要用来提高涂膜遮盖力和生产白色涂料。钛白粉有两种晶型：一种是锐钛型（A 型），另一种是金红石型（R 型）。金红石型在高能（较短波长）吸收辐射能力上较锐钛型强。换句话说，对于金红石型钛白粉，在具有很强杀伤力的 UV- 波长段内（350 ～ 400 nm），它对紫外线的反射率要远远低于锐钛型钛白粉。在这种情况下，它对周围的成膜物、树脂等身上所要分担的紫外线就要少得多，那么这些有机物的使用寿命就长。这也是为什么通常所说的金红石型钛白粉的耐候性要比锐钛矿型好之原因所在。

金红石型钛白粉晶格致密、稳定、耐候性好、不易粉化，遮盖力较锐钛型的好，抗粉化和对光的稳定性比锐钛型要好得多。适用于制备外墙涂料和高档涂料。锐钛型钛白粉晶格空间大、不稳定、耐候性差，适用于制备内墙涂料和低档涂料。

（2）**氧化铁红：**氧化铁红的化学式 Fe_2O_3，简称铁红，其耐光性、耐候性和化学稳定性都十分优良，遮盖力是红色涂料中最好的，但耐酸性较差。铁红的色调红中带黑，不够鲜艳。

（3）**氧化铁黄：**氧化铁黄简称铁黄，主要成分是水和三氧化二铁，化学式 $Fe_2O_3 \cdot H_2O$，是氧化铁的一水合物；加热时脱水，逐步转为氧化铁红。颜色为土黄，色光变化于浅黄与棕黄之间。遮盖力是黄色颜料中最好的一种，耐光性、耐候性、耐碱性均十分优异，但不耐酸。

（4）**炭黑：**炭黑是一种无定形碳。轻、松而极细的黑色粉末，比表面积非常大，范围为 10 ～ 3 000 m^2/g，是含碳物质（煤、天然气、重油、燃料油等）在空气不足的条件下经不完全燃烧或受热分解而得的产物。炭黑是遮盖力和着色力最好的黑色颜料，耐光性、耐候性、化学稳定性、耐酸性、耐碱性、耐高温性均十分优异。

（5）**酞菁蓝：**酞菁蓝是一种色泽鲜艳、着色力强的有机颜料。色光从青蓝至红蓝。酞菁蓝在水性涂料中使用容易出现絮凝和增稠现象，在水中不易分散，这与基料助剂和分散方式有关。其遮盖力一般。

（6）**酞菁绿：**酞菁绿色调鲜明，着色力、耐光性很好，耐热性、耐候性、耐酸碱性也不错，是涂料中最常用的绿色颜料。

（7）**大红：**大红是一种偶氮颜料，坚牢度较好，色调鲜艳，质地疏松易分散，耐酸碱、耐光、耐热。与甲苯胺红相比，其格较低，因此在涂料中使用较多。

（8）**耐晒黄：**耐晒黄具有纯净的黄色，色泽鲜亮，遮盖力很强，耐光性、耐热性、耐酸性、耐碱性均十分优良。无毒，可代替有毒的铬黄。在高温时颜色有发红现象，耐溶剂性较差。

（9）**珠光颜料：**珠光颜料是艺术涂料中非常重要的一种颜料，广泛应用于幻彩漆、变色珠光、金属漆等。它是由数种金属氧化物薄层包覆云母构成的。改变金属氧化物薄层，就能产生不同的珠光效果。

珠光颜料与其他颜料相比，其特有的柔和珍珠光泽有着无可比拟的效果。特殊的表面结构，高折光指数和良好的透明度，使其在透明的介质中，创造出与珍珠光泽相同的效果。它呈现彩虹般的干涉色，反射和折射在薄片上。干涉色根据二氧化钛或其他金属氧化物的厚度而不同，具有深远的、立体的、丝般的感觉，具有极好的多色效果。

图 2-2 珠光粉

珠光粉又分为普通粉状珠光材料和使用软树脂分散的珠光球，颜色主要有银色、亮金色、金属色、彩虹干扰色以及变色龙系列等。珠光粉根据使用方向和使用效果又有不同粒径的区分，粒径越小，珠光粉遮盖力越强；粒径越大，珠光粉光泽度越强。珠光颜料具有良好的分散性和良好的物理、化学特性，因此被广泛应用于艺术涂料中。无论何种单色涂料中混合珠光颜料，都可成为珠光涂料，其珠光和金属光泽效果令人留人深刻印象。珠光颜料是片状结构，因而润湿简单且迅速，但需考虑体系的极性的表面及介质或溶剂的化学性质。珠光颜料的晶片在分散时容易破损，通常珠光颜料只需简单搅拌即可分散。若使用分散机械仅允许短时间混合。建议预先分散制浆再加入漆料中混合。

（10）**金葱粉（glitter）**：金葱粉又称闪光片、闪光粉，规格大的也叫金葱亮片，由精亮度极高的不同厚度的 PET、PVC、OPP 金属铝质膜材料电镀、涂布，经精密切割而成，是艺术涂料中的重要颜料。

金葱粉粒径如为 0.004 ～ 3.0 mm 均可生产。环保的当属 PET 材质的。其形状有四角形、六角形、长方形、棱形等。金葱粉色系分为镭射银、镭射金、镭射彩（包括红、蓝、绿、紫、桃红、黑）、银色、金色、彩色（包括红、蓝、绿、紫、桃红、黑）幻彩系列。各色系均加上表层保护层，色泽光亮，对气候、温度的轻度腐蚀性化学品具有一定抵抗力及耐温性。

作为一种效果独特的表层处理材料，金葱粉广泛应用于艺术涂料、圣诞工艺品、蜡烛工艺、化妆品、丝网印刷（布料、皮革类、鞋材类、年画系列）、装饰材料（工艺玻璃艺术品、聚晶玻璃、晶图玻璃水晶球）、油漆装潢、家具喷漆、包装等领域，其特点在于增强产品的视觉效果，使装饰部分凹凸有层次，更具立体感。而其高度闪光的特性，更使得装饰物鲜艳夺目、倍添光彩。其在化妆品领域的眼影，以及指甲油和各类美甲用品上也有着广泛的应用。

（二）填料

1. 填料的定义及作用

填料又称为体质颜料，和着色颜料明显不同。填料在涂料中的主要作用有两方面：一是“填充”作用，用以降低涂料的成本；二是通过加入填料可改变涂料的物理和化学性质，比如增加涂料的涂膜厚度，还可增加颜料的悬浮性，以提高涂料的储存稳定性，同时可提高涂膜的机械强度、耐磨性、耐水性、抗紫外线性、隔热性和耐温变性等。常用的填料有碳酸钙、硫酸钡、滑石粉、高岭土、硅灰石、云母粉、硅酸铝等。

2. 填料的主要参数

（1）粉体的粒径

粉体粒径大小一般采用筛网上的目数来表述。目数是指 1 英寸长度上孔眼的数目。例如，在 1 英寸（25.41 mm）范围内的经线和纬线有 800 条（分别用 800 条经线和 800 条纬线编制成 1 平方英寸的网，有 6.4 万个孔眼），就是 800 目。

一般艺术涂料用的粉体的目数多为 800 目和 1250 目。

（2）粉体的折射率

在生产涂料时，采用不同的粉体会产生不同的遮盖力，而涂料的遮盖力是各种粉体和介质（即水和树脂）的折射率的一种组合。当粉体和介质之间折射率之差变大时，涂料的遮盖力就强；反之，遮盖力就弱。当两者的折射率相同时，涂膜即呈现透明状。粉体的遮盖力主要取决于它的折射率，一般成膜物质的折射率在 1.5 左右，粉体的折射率越高，遮盖力越好。折射率在 1.7 以下的我们通常称之为填料（或者体质颜料）。

当粉体加量多时，涂膜里面填料粒子周围可能形成极细小的空气间隙，从而提高遮盖力。例如，轻质碳酸钙浆料湿的遮盖力很差（碳酸钙的折射率是 1.58，水的折射率是 1.33，它们相差不大），但干燥以后，轻质碳酸钙周围由水变成空气，折射率之差变大（碳酸钙的折射率是 1.58，空气的折射率是 1.0），所以遮盖力提高。又如，当成膜物质含量高时，湿的遮盖力比干的遮盖力好。产生这种现象的原因是湿的时候粉料周围是水，干了以后粉料周围由水变成了树脂，折射率由 1.33 变到 1.55，粉料与树脂的折射率之差变小了，所以遮盖力变差了（见表 1）。

表 1　常见介质折射率

名称	折射率	名称	折射率	名称	折射率
金红石型钛白粉	2.71	锐钛型钛白粉	2.55	硅酸镁	1.65
氧化锌	2.02	立德粉	1.84	碳酸钙	1.63
陶土	1.65	硫酸钡	1.64	滑石粉	1.49
二氧化硅	1.41 ～ 1.49	硅藻土	1.45	树脂	1.55
水	1.33	空气	1.0		
云母粉	1.58	硫化锌	2.37		

表 2 粉体吸油量

名称	密度（g/cm^3）	吸油量（%）
金红石型钛白粉	4.2	16 ~ 21
锐钛型钛白粉	3.84	22 ~ 26
氧化锌	5.6	18 ~ 20
立德粉	4.2	11 ~ 14
重晶石粉	4.47	6 ~ 12
沉淀硫酸钡	4.35	10 ~ 15
重质碳酸钙	2.8	13 ~ 21
轻质碳酸钙	2.8	30 ~ 40
滑石粉	2.85	22 ~ 57
天然高岭土	2.61	50 ~ 60
煅烧瓷土	2.61	27 ~ 48
云母粉	2.76 ~ 3	65 ~ 72
白炭黑	2.0 ~ 2.2	100 ~ 300
硅灰石	2.75 ~ 3.1	18 ~ 30

（3）粉体的吸油量

吸油量是表示颜料粉末与载色体相互关系的一种物理数值。它不仅说明了颜料与载色体之间的混合比例、湿润程度、分散性能，而且也关系到涂料的配方和成膜后的各种性能。吸油量与颜料颗粒的大小、形状、分散与凝聚程度、比表面积以及颜料的表面性质有关。

（4）白度

白度是表示物质表面白色的程度，用白色含有量的百分率表示。测定物质的白度通常以氧化镁为标准白度 100%，并将它定为标准反射率 100%。以蓝光照射氧化镁标准板表面的反射率百分率来表示试样的蓝光白度；用红、绿、蓝三种滤色片或三种光源测出三个数值，其平均值用来表示三色光白度。反射率越高，白度越高，反之亦然。测定白度的仪器有多种，主要是光电白度计，标准不完全相同。习惯上把白度的单位“%”作为“度”的同义词，如新闻纸的白度为 55% ~ 70%（即 55 ~ 70 度）。

3. 颜料体积分数（PVC）

颜料体积分数（PVC）和临界颜料体积分数（CPVC）是涂料化学中两个非常重要的概念，对指导涂料的配方设计起到非常重要的作用。

涂料在生产过程中，是以重量为单位计算的，但涂膜在干燥后一般是以体积来表示性能的。因为干的涂膜是一个多元结构，各个成分之间的体积关系，对涂膜的性能有重要的作用。在干膜中，成膜物质是否能填满颜料、填料颗粒之间的空隙及是否能完全包裹颜填料，是判断涂膜性能的重要数据。

（1）颜料体积分数是指涂膜干燥后所有粉料所占整个干燥涂膜的体积百分比。颜料体积分数用PVC（Pigment Volume Concentration）表示。颜料体积分数的计算公式：

颜料体积分数（PVC）=（颜料 + 填料的体积）÷［（颜料 + 填料的体积）+ 基料的体积］× 100%

（2）随着涂料配方中成膜物质用量的增加，基料包裹粉体的程度越来越完全，当粉体周围的空气刚好被基料完全取代，这个特性点的PVC值称为临界颜料体积分数（CPVC）。

（3）试验表明，涂膜中的颜料体积分数超过某一特定值时，许多涂膜性能会发生突变，这个转折点的PVC值就是临界颜料体积分数。当PVC值增加到这一点时，基料恰好能润湿所有的颜料粒子。在低于PVC值时，基料过量，以致颜料粒子被牢固地固定在基料中，颜料粒子开始彼此分离开；继续添加基料，两个颜料粒子之间的距离变得越来越远。

4. 常用的填料

（1）碳酸钙

碳酸钙是一种无机化合物，在涂料工业中作为填料，有天然和人工合成两种。天然的产品称为重质碳酸钙，人工合成的产品称为轻质碳酸钙或沉淀碳酸钙。

碳酸钙可以大大改善体系的触变性，可显著提高涂料的附着力，耐洗刷性、耐沾污性良好，可以提高强度和表面光洁度，并具有很好的防沉降作用。纳米碳酸钙在涂料工业作为颜料填充剂，具有细腻、均匀、白度高、光学性能好等优点。纳米级超细碳酸钙具有空间位阻效应，在涂料中，能使配方中密度较大的粉体悬浮，起防沉降作用。

在涂料中，碳酸钙可作为白色颜料，起一种骨架作用，而且价格便宜，颗粒细，能在涂料中均匀分散，所以是大量使用的体质颜料。

（2）滑石粉

滑石粉为硅酸镁盐类矿物滑石族滑石，主要成分为含水硅酸镁，经粉碎后，用盐酸处理，水洗，干燥而成。纯的滑石粉很软，层间容易分离，有滑腻感，化学稳定性好。

在临界颜料体积分数（CPVC）以下时，滑石粉几乎没有遮盖力，但一旦超过CPVC，其遮盖力可大大提高。涂料中加入少量滑石粉能防止颜料沉淀、涂料流挂。滑石粉具有良好的悬浮性和易分散性，且腐蚀性低，在涂料中，滑石粉作为填料可起到骨架作用，降低制造成本的同时提高涂料的漆膜硬度。片状粒子结构的滑石粉，可使涂膜具有很高的耐水性和瓷漆不渗性；纤维状粒子结构的滑石粉，可使涂料的流变性及流平性得到很好的改善，同时可提高涂料的耐候性。

（3）高岭土

高岭土是一种非金属矿产，是一种以高岭石族黏土矿物为主的黏土和黏土岩。因其呈白色而又细腻，所以又称白云土，因江西省景德镇高岭村而得名。其质纯的高岭土呈洁白细腻、松软土状，具有良好的可塑性和耐火性等理化性质。

高岭土的化学成分为水合硅酸铝，又名黏土、瓷土、白陶土。按生产工艺分为水洗高岭土和煅烧高岭土。煅烧高岭土的综合性能优于水洗高岭土。高岭土在涂料中作为填料起到的主要作用是，可降低生产成本，具有良好的抗沉降作用，分散、悬浮性能好，能在储存期保持稳定的黏度，且有良好的流平性、耐洗刷性和耐候性。

（4）硫酸钡

硫酸钡有天然和人工合成两种，天然的产品称为重晶石，人工合成的产品称为沉淀硫酸钡。硫酸钡是一种惰性物质，这种颜料化学稳定性高，外观是一种致密的白色粉末，是填料中密度最大的品种，耐酸、耐碱、耐光、耐热。

人工合成的产品性能要优于天然的产品，其白度高，质地细腻，是涂料中常用的填料之一。

据厦门集美某艺术涂料公司董事长的多年研究发现，沉淀硫酸钡有着行业不太熟知的功能——低 PVC 涂料中可以部分替代钛白粉，而不会影响涂料的遮盖力和光泽，这一功能最重要的价值是可以大幅降低配方成本，而且还能提高漆膜的附着力，对漆膜的耐擦洗性能也有很大提升。微观上分析产生这一结果的原因有几点：首先，钛白粉有一个有效半径现象，即钛白粉要达到最有效的遮盖力，须保持颗粒之间的距离至少要 2 倍直径以上，小于这个距离，部分钛白粉就失效。在钛白粉含量高的配方中，这种现象就容易出现。其次，沉淀硫酸钡的粒径与比重非常接近钛白粉，相比普通填料，不会消光，但却足够填充在钛白粉颗粒中间，拉开了钛白粉颗粒之间的距离，从而提高了钛白粉的使用效率，减少其使用量。最后，沉淀硫酸钡市场价格只有钛白粉的四分之一左右，因此能有效降低配方成本。

（5）二氧化硅

二氧化硅即白炭黑，又名水合二氧化硅，分子式为 $SiO_2 \cdot nH_2O$，是一种白色、无毒、无定型微细粉状物，具有多孔性、高分散、质轻、化学稳定性好、耐高温、不燃烧和电绝缘性好等优异性能。相对密度为 2.319 ～ 2.653，熔点为 1 750℃。白炭黑微粒直径很小，在 10 ～ 1 000 nm 范围内。根据生产工艺的不同，有沉淀 SiO_2、发烟 SiO_2、胶体 SiO_2 和硅胶。除了无孔的胶体 SiO_2，其余都是具有高比表面积、高孔隙的颜料。

二氧化硅多数用来作为涂料的防沉和高档涂料的消光。

三、助剂

艺术涂料中的助剂所起的作用就是改善涂料及涂膜的某些性能，一般用量很小，但对涂料和涂膜的各种性能有很大的影响。其主要品种有润湿分散剂、成膜助剂、消泡剂、防腐防霉剂、防冻剂、增稠剂、pH值调节剂等。

1. 润湿分散剂

（1）润湿分散剂一般是表面活性剂。润湿剂可以降低物质的表面张力，其分子量较小。分散剂可以吸附在颜料的表面上产生电荷斥力或空间位阻，防止颜料产生有害絮凝，使分散体系处于稳定状态，一般分子量较大。但目前也有相当一部分具有活性基的高分子化合物作为润湿分散剂使用。润湿剂和分散剂的作用有时很难区分，有的助剂兼备润湿和分散的功能。

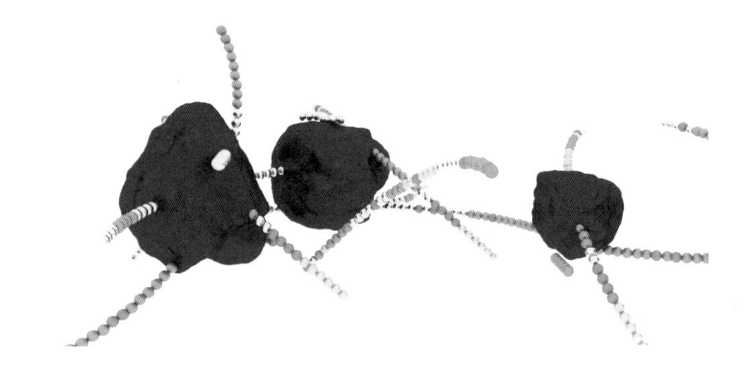

图 2-3 润湿分散剂

表 3　干颜料的颗粒形态

定义	研磨设备是否能够粉碎
最基础的颜料颗粒单元	否
原始粒子面与面黏结在一起的颗粒	否
原始粒子以其边、角相互黏结而成	是

（2）颜料和填料在水中的润湿分散是艺术涂料生产的重要环节。干颜料有三种结构形态：原级粒子，单个颜料晶体或一组晶体，粒径相当小。凝聚体，以面相接的原级粒子团，其表面积比其单个粒子组成之和小得多，再分散困难；附聚体，以点、角相接的原级粒子团，其总表面积比凝聚体大，但小于单个粒子组成之总和，再分散较容易。

（3）颜料分散是相当复杂的，一般认为有润湿、分散、稳定三个相关过程。润湿是指用树脂或添加剂取代颜料表面上的吸附物如空气、水等，即固 / 气界面转变为固 / 液界面的过程。涂料中水的表面张力较大，生产时很难把体系中的颜填料充分润湿，因此加入一定量的润湿剂降低体系的表面张力，以使颜填料很容易被水润湿。同时为了使附聚在一起的颜填料通过剪切力分散成原级粒子，并且通过静电斥力和空间位阻效应以使颜填料颗粒长期稳定地分散在体系中而不附聚，保持很好的储存稳定性，生产中必须加入一定量的分散剂来达到此目的。分散是指用机械力把凝聚的二次团粒分散成接近一次团粒的细小粒子，构成悬浮分散体。稳定是指形成的悬浮分散体在无外力作用下，均匀地分布在连续相中，处于一个稳定的悬浮状态。

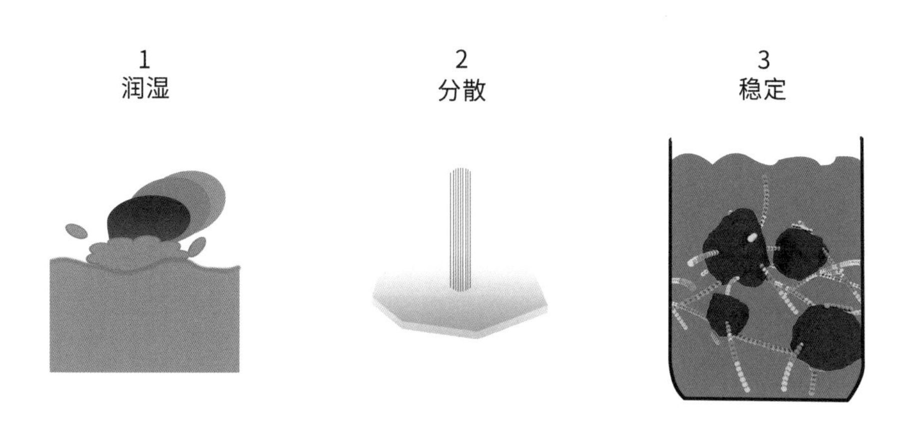

图 2-4 颜料分散过程

（4）**润湿分散剂可以降低涂料的黏度。**这当然不是它们唯一的功能，润湿分散剂对于涂料的许多其他基本性能都有重要的影响：

① 着色力：着色力是衡量颜料吸收入射光和给一种介质着色能力的尺度。在给白色基础漆着色时，着色力有非常实际的意义，调色能力越强，性价比就越高。色浆的着色力主要取决于颜料固有的吸光指数和平均粒径。颜料粒径越小，其有效表面积越大，因而吸光能力也越强。强的吸光能力与高的着色力是密切相关的。较小的颜料颗粒必须用分散剂来稳定，使其保持精细分布而不会重新聚集在一起。

② 遮盖力：遮盖力是指涂料遮盖一个颜色或与底色色差的能力。底材被遮盖的程度取决于涂层的厚度、底材的颜色、颜料的散射力，以及颜料和基料的折射指数。对遮盖力强的涂料来说，颜料颗粒非常有效地散射入射光，以致很少有光能到达底材。同时，从底材反射来的残余光线，又被强烈地散射开来，无法到达眼睛。涂料要想达到最佳的光散射，保持颜料均匀精细的分布是必不可少的条件。

③ 絮凝：絮凝是颗粒被分散后的重新聚集。在分散过程中，颜料颗粒被外力分开，形成新的表面，然而这是一个不稳定的状态。在涂料制造、储存或应用的任何时候，絮凝都可能发生。在涂料被应用到底材

表面后，颜料也有重新聚集的倾向。当炭黑有较大的表面积时，这种趋势就更明显，而一旦发生絮凝，底材就不可能被均匀遮盖。分散剂可以抑制颜料颗粒的絮凝。

④ 光泽：光泽是光线从物体表面的反射，包含镜面反射和漫反射。当表面非常平整，而漫反射在反射中所占比例很小时，光泽就高。颜料的颗粒或聚集体会从涂膜中突出来，干扰镜面反射。絮凝的颜料也会影响流平，而流平不好会进一步降低光泽。润湿分散剂可以抑制絮凝，从而帮助涂料取得高的光泽。

⑤ 浮色和发花：在混合的颜料体系中，当几种颜料的比重和粒径相差较大时，浮色和发花就会产生。比重大的钛白倾向于集中到干膜的底部，而有机颜料的比重明显低于钛白，因此会集中到涂膜的上部。这种垂直的浮色，也叫发花，产生这种情况时会使涂膜看起来比想要的颜色更深。

涂料在干燥过程中颜料之间的分离可以引起水平的浮色，起因是溶剂的流动。大的颜料颗粒被溶剂的流动所携带，颜色不同的区域就出现了。使用适合的分散剂，产生可控制的絮凝，就能避免这种讨厌的颜料颗粒的分离。

2. 成膜助剂

（1）成膜助剂又称聚结助剂，它能促进乳胶粒子的塑性流动和弹性变形，改善其聚结性能，能在广泛的施工温度范围内成膜。成膜助剂是一种易消失的暂时增塑剂，因而最终的干膜不会太软或发黏。

（2）乳胶是高聚物在水中的分散体系，以球状微粒分散在水相中，涂料施工后，水分挥发，球状微粒必须相互融合才能形成连续的涂膜。其成膜过程大致可分为三个阶段：

① 充填过程：施工后，水分挥发，当乳胶微粒占膜层的 74%（体积）时，微粒相互靠近而达到密集的充填状态。组分中的乳化剂及其他水溶性助剂留在微粒间隙的水中。

② 融合过程：水分继续挥发，高聚物微粒表面吸附的保护层被破坏，裸露的微粒相互接触，其间隙愈来愈小，至毛细管径大小时，由于毛细管作用，其毛细管压力高于聚合物微粒的抗变形力，微粒变形，最后凝集、融合成连续的涂膜。

③ 扩散过程：残留在水中的助剂逐渐向涂膜扩散，并使高聚物分子长链相互扩散，涂膜均匀而具有良好的性能。

（3）乳胶中的高聚物为热塑性，只有在一定的温度下才能融合成膜，它能形成连续涂膜的最低温度，称为该乳液的最低成膜温度（MFT）。若施工温度小于最低成膜温度，则水分挥发后不能融合成连续的涂膜，呈粉状或开裂状的不连续膜。因而有效地添加成膜助剂，较大幅度地降低成膜温度，是改善乳胶漆低温施工性能的有效措施。

（4）**乳胶漆成膜时，气候条件的变化，会影响涂膜的形成。水的挥发速度决定于大气的相对湿度。**乳胶漆在高的相对湿度下成膜时，水的挥发速度极慢，而成膜助剂的挥发，受相对湿度的影响较小，使水相中的成膜助剂挥发较快，被聚合物粒子吸附的成膜助剂则向水相转移，而不利于成膜。乳胶漆的成膜，不单决定于其组成，施工环境、底材的不同也对其有明显的影响。在多孔而有吸附性的底材上施工时，水和成膜助剂离开涂膜的速度加快会不利于成膜。将加有成膜助剂的有光乳胶漆，施工在封底的卡纸上，其光泽度高于涂刷在不封底的卡纸上。

（5）**各种乳胶涂膜的软硬度决定于其组成中软硬单体的比例。**为使涂膜性能符合各种要求，如一定的柔韧性、硬度及颜料联结能力。高光泽的乳胶漆必须具有不发黏的坚硬涂膜，其颜料用量低，乳胶中硬单体比例则较高。当最低成膜温度高于室温时，在乳胶体系中，涂膜性能及成膜性能之间的调节，只能通过使高聚物微粒软化的成膜助剂来实现。

（6）**理想的成膜助剂应符合以下要求：**

① 成膜助剂都是聚合物的强溶剂，因而能降低聚合物的玻璃化温度，并具有很好的相容性，否则会影响漆膜外观及其光泽。

② 在水中的溶解性要小，因而易为乳胶微粒吸附而有优良的聚结性能。其微弱的水溶性又可使它易为乳胶漆组分中的分散剂、表面活性剂及保护胶胶乳化。

③ 成膜助剂应具有适宜的挥发速度，在成膜前保留在乳胶漆涂层中，其挥发速度应低于水和乙二醇，成膜后须完全挥发掉。

④ 易加入乳胶体系而吸附在乳胶微粒的表面，但不影响乳胶体系的稳定性。乳胶体系加入成膜助剂以后，乳胶粒子溶胀而变大，其表面上起保护作用的表面活性剂及保护胶体的浓度相应降低，甚至为成膜助剂取代而使乳胶不稳定。

3. 消泡剂

（1）**泡沫产生的原因。**艺术涂料中，泡沫问题十分突出，这是由于它的特殊配方和特殊生产工艺所致：

① 艺术涂料是以水为稀释剂，在乳液聚合时就必须使用一定数量的乳化剂，才能制取稳定的水分散液。乳化剂的使用，致使乳液体系表面张力大大下降，这是产生泡沫的主要原因。

② 艺术涂料中分散颜料的润湿剂和分散剂也是降低体系表面张力的物质，有助于泡沫的产生及稳定。

③ 艺术涂料多为高黏状，使用增稠剂后则使泡沫的膜壁增厚而增加其弹性，使泡沫稳定而不易被消除。

④ 生产乳液时游离单体的抽取，配制乳胶漆时的高速分散及搅拌，施工过程中的喷、刷、辊等操作，这些都能不同程度地改变体系的自由能，促使泡沫产生。

（2）**泡沫带来的影响。**艺术涂料中的泡沫会增加生产操作的难度。泡沫中的空气不仅会阻碍颜料或填料的分散，也使设备的利用率不足而影响产量；装罐时因泡沫，需多次灌装；施工中给漆膜留下气泡会造成表面缺陷，既有损外观，又影响漆膜的防腐性和耐候性。

（3）**泡沫的本质是不稳定的，它的破除要经过三个过程：即气泡大小的再分布、膜厚的减薄和膜的破裂。**气泡大小的再分布，是由于气泡的曲率半径不同，造成气泡中气体的压力不同所引起的。小气泡中的压力要比大气泡中的压力大，气体从小气泡的高压侧向大气泡的低压侧通过界膜进行扩散，造成小气泡不断变小，大气泡不断变大，两个气泡的曲率半径差越来越大，最后使气泡破裂。气泡膜厚的变薄是排液和蒸发的结果。在气液界面，膜朝气相那方是凹的，这就使液体处于负的毛细压力下，该压力驱使液体从内壁移向交叉点。这种排液造成膜壁变薄，直到形成更大的气泡或气泡破裂为止。

（4）**一个比较稳定的泡沫体系，要经过这三个过程而达到自然消泡是需要很长的时间，这对工业生产来说是不现实的。所以多数场合总是使用消泡剂。**乳胶漆用消泡剂总是以微粒的形式渗入到泡沫的体系之中。当泡沫体系要产生泡沫时，存在于体系中的消泡剂微粒，立即破坏气泡的弹性膜，抑制泡沫的产生。如果泡沫已经产生，添加的消泡剂接触泡沫后，即捕获泡沫表面的增水链端，经迅速铺展，形成很薄的双膜层，然后进一步扩散，层状侵入，取代原泡沫的膜壁。由于低表面张力的液体总是要流向高表面张力的液体，所以消泡剂本身的低表面张力，就能使含有消泡剂部分的泡膜的膜壁逐渐变薄，而被周围高表面张力的膜层强力牵引，整个气泡就会产生应力的不平衡，从而导致气泡的破裂。

（5）**消泡剂的性能要求。**消泡剂是能在泡沫体系之中产生稳定的表面张力不平衡、能破坏发泡体系表面黏度和表面弹性的物质。它应具有低表面张力和 HLB 值：不溶于发泡介质之中，但又很容易按一定的粒度大小均匀地分散于泡沫介质之中，产生持续的和均衡的消泡能力。当泡沫介质由于某种原因要起泡时，它首先能阻止泡沫的产生。而在已经生成泡沫的泡沫体系之中，它又能迅速地散布，破坏气泡的弹性膜，使之破裂。

（6）**使用消泡剂的注意事项：**

① 消泡剂的一般用量（质量百分数）

一般的及高黏度的乳胶涂料 0.3% ~ 0.8%。

低黏度乳胶漆和水溶性涂料 0.01% ~ 0.3%。

树脂乳液 0.03% ~ 0.5%。

② 消泡剂即使不分层，使用前也应适当搅拌一下比较好。若消泡剂分层，则使用前必须充分搅拌，混合均匀。

③ 在涂料或乳液搅拌情况下加入消泡剂。

④ 消泡剂使用前，一般不需用水稀释，可直接加入。

⑤ 用量要适当。若用量过多，会引起缩孔、缩边、涂刷性差和再涂性差等问题；用量太少，则泡沫消除不了。消泡剂的用量总以最低的有效量为好。

⑥ 消泡剂最好分两次添加，即研磨分散颜料阶段和颜料浆中配入乳液的成漆阶段。一般是每个阶段添加总量的一半，也可根据情况自行调节，在研磨分散颜料阶段最好用抑泡效果大的消泡剂，在成漆阶段最好用破泡效果大的消泡剂。

4. 防霉防腐剂

（1）涂料霉腐产生的原因。艺术涂料中具有微生物生存繁殖的先决条件，如有机物、氧气、湿度、酸碱度和温度等，其生存所需的氧分非常充分，尤其是用纤维素增稠的涂料。

（2）微生物会给涂料带来很多问题。包装中的乳胶漆会因细菌的繁殖而出现黏度下降、发臭、乳液破乳等情况，最终导致乳胶漆报废。乳胶漆涂膜在使用环境中，尤其是高温、高湿等环境影响下，会遭到霉菌和藻类的侵蚀，造成涂膜变色、聚合物降解等，最终丧失其装饰和保护功能。

（3）防霉杀菌剂的作用机制：

① 阻碍菌体呼吸：病原菌在呼吸时消耗糖类、碳水化合物，以释放能量维持体内各种成分的合成和利用，而能量的贮存和转化都是和高能磷酸键的形成和断裂分不开的。在糖代谢系统中，三羧酸循环（呼吸途径之一）的运转涉及一些酶类。酶是一种大分子蛋白质，其活性中心往往只占一小部分，带有巯基、氨基，或微量金属离子。若杀菌剂进入菌体后能与此活性中心结合，并在一定时间内影响酶的活性，那么能量代谢体系的运转就会终止，呼吸就停止了，使之失去活性。

② 干扰病原菌的生物合成：即干扰了有机体生长和维持生命所需要的新细胞物质产生的过程。病原菌在生长、繁殖过程中需许多特定的物质，以便形成新的细胞，其中低分子的化合物，如氨基酸、嘧啶和维生素等的生物合成在细胞质内进行，而蛋白质的合成主要在核糖体上完成，脱氧核糖核酸（DNA）和部分核糖核酸（RNA）的合成则在细胞核

中进行。无数个蛋白质能够按一定排列次序准确无误地由亲代细胞传到子代细胞，主要受核酸的控制。若破坏了核酸的正常生成，也就等于破坏了产生酶的物质基础，进而破坏病原菌本身的生长和繁殖。

③ 破坏细胞壁的合成：真菌的细胞壁是它同外界进行新陈代谢，同时保持内部环境恒定的一种起屏障作用的物质。细胞壁是由几丁质所组成的，杀菌剂对 UDP- 乙酰葡萄糖胺转化酶起抑制作用，使待聚合的乙酰葡萄糖胺不能形成几丁质，细胞壁的形成受到破坏，或者改变细胞膜的渗透能力，导致细胞内含物的泄露，其结果都将会使细胞置于死地。这种方式是杀菌，而不是抑菌。

④ 艺术涂料加入防霉剂的作用是防止涂料涂刷后涂膜在潮湿状态下发生霉变。防腐剂的作用是防止涂料在储存过程中因微生物和酶的作用而变质腐败。

5. 防冻剂

防冻剂的作用是降低艺术涂料中水的冰点以提高涂料的低温稳定性和抗冻性，常用的有乙二醇和丙二醇等物质。这些助剂的挥发速度比较慢，有利于延长乳胶漆的开放时间和搭接时间，从而有利于涂料的施工，避免接痕，最终获得效果比较好的涂膜。

6. 增稠剂

（1）**增稠剂是一种流变助剂。**加入增稠剂后不但能使涂料增稠，同时还能赋予涂料优异的机械及物理、化学稳定性，在涂料施工时起控制流变性的作用。

虽然涂料的流变性与涂料中所用的树脂、颜料、溶剂及其他组成有关，但在加入流变助剂后，在相当大的程度上受流变助剂的影响。尤其是对一些糊状涂料，如乳胶涂料等，离开这些助剂则得不到所需的流变性。

（2）**增稠剂对艺术涂料的增稠、稳定及流变性能，起着多方面的改进调节作用：**

① 生产阶段：在乳液聚合过程中保护胶体、提高乳液的稳定性的作用；在颜填料的分散阶段，提高分散物料的黏度而有利于分散。

② 储存阶段：将乳胶漆中的颜填料微粒包覆在增稠剂的单分子层中，并由于稠度的增加，改善了涂料的稳定性，防止颜填料的沉底结块、水层分离。其抗冻性及抗机械性能提高。

③ 施工阶段：能调节艺术涂料的黏稠度，并呈现良好的触变性。在滚涂及刷涂的高剪切率下，黏度下降而不费力。在涂刷后，剪切力消

除，则恢复原来的黏度，使厚膜不流挂，沾漆时不滴落，滚涂时不飞溅。它又能延迟涂膜失水速度，使一次涂刷面积较大。

④ 配制厚浆型涂料：在研制骨浆浮雕艺术涂料、大漠艺术沙涂料、天鹅绒艺术涂料、雅晶艺术石涂料等厚浆型涂料时，其增稠技术是关键。

（3）增稠剂的作用机理：

① 增稠剂添加适量时，能吸附在乳胶粒子表面，然后膨胀产生软凝聚，并形成包覆层。这就增加了乳胶粒子的体积，使粒子的布朗运动受阻，致使黏度升高。在艺术涂料中，增稠剂主要进入体系的分散介质——水相中，使体系的黏度升高。

② 同时具有上述两种作用、具有代表性的产品有聚丙烯酸盐、羧甲基丙烯酸钠等。

③ 由于增稠剂分子的支链与颜料及乳胶粒子相互缠结，发生交联而产生网络结构，使体系具有结构黏度，这往往是传统的碱活化的丙烯酸增稠剂所具有的特性。

④ 增稠剂分子的支链上接有疏水性的非离子型表面活性剂的支串，这些支串在水中随意地互相缔合形成许多微胞（或称小室）。与此同时，这些支串还能与涂料的其他组分如憎水性表面活性剂、颜料和乳胶等的疏水基端缔合，形成更多的微胞。上述缔合作用达到动态平衡时，缔合了的疏水性支串能互换位置而使微胞处于游动状态，不仅使涂料在受高剪切作用时，这些微胞间的链能顽强地防止断裂，涂料仍具有稳定黏度而不致流挂和溅落，而且在低的或没有剪切作用的情况下也具有良好的流动性和流平性。具有这种特性的增稠剂有非离子表面活性剂改性的碱活化丙烯酸共聚物乳液。

7. pH 值调节剂

（1）pH 值对乳液和涂料的作用。其主要功能是调节控制乳液和涂料的 pH 值。乳胶漆的主要成分是乳液。乳液在聚合时，为了获得较好的附着力，往往在配方中含有少量的可聚合酸，如丙烯酸和甲基丙烯酸。聚合结束后，加 pH 值调节剂，把酸中和成盐，提高黏度，并在偏碱的条件下能保持长期稳定。

涂料的 pH 值对其储存稳定性、抗腐败、防腐蚀、黏度及涂膜的性能均有一定的影响。涂料制造过程中使用碱溶胀类增稠剂。这类聚合物一般带有较多数量羧基，进入水相遇碱性 pH 值调节剂中和，生成聚合物盐类，显示出黏度。

配方中有纤维素增稠的涂料在微碱的条件下纤维素比较容易溶解。

（2）pH 值调节剂的选用。艺术涂料一般是碱性的，pH 值通常为

7.5 ～ 9.5，这种状态更能保证产品的稳定性。因此，生产上往往采用碱性物质为 pH 值调节剂。为了达到既有效调节，又安全可靠，大多数选用中强碱。为了少影响或不影响涂膜的性能，pH 值调节剂最好是挥发性的，涂料成膜后 pH 值调节剂离开涂膜。pH 值调节剂还有帮助涂料生产和成膜的功能。

四、分散介质——水

水是艺术涂料中的分散介质，约占总质量的 35% ～ 50%。具有不燃、无毒、环保、安全等性能。

艺术涂料中所用的水，并非普遍意义上的自来水，而是经过特殊处理后得到的去离子水。对去离子水的基本要求是洁净、无机械杂质。普通水中含有钙、镁等离子，还含有细菌微生物，会影响涂料产品的质量稳定性。

图 2-5 水

第二节　艺术涂料的技术标准

目前，艺术涂料国家标准与行业标准尚未有具体的专业标准。各大涂料企业采用的生产标准也未统一，艺术涂料只能参照涂料的标准，具体的艺术涂料标准需要行业合力推进。

由于艺术涂料主要用于内墙涂装，本节就建筑涂料的内墙标准对艺术涂料的技术标准做一些阐述。

艺术涂料内墙的国家标准及行业标准：

1. 合成树脂乳液的内墙涂料技术指标：GB/T 9756—2018

表 4　底漆的要求

项　目	指　标
在容器中状态	无硬块，搅拌后呈均匀状态
施工性	刷涂无障碍
低温稳定性（三次循环）	不变质
低温成膜性	5℃成膜无异常
涂膜外观	正常
干燥时间（表干）/h ≤	2
耐碱性（24 h）	无异常
抗泛碱性（48 h）	无异常

表 5　面漆的要求

项　目	指　标		
	合格品	一等品	优等品
在容器中状态	无硬块，搅拌后呈均匀状态		
施工性	刷涂二道无障碍		
低温稳定性（三次循环）	不变质		
低温成膜性	5℃成膜无异常		
涂膜外观	正常		
干燥时间（表干）/h ≤	2		
对比率（白色和浅色[注1]）≥	0.90	0.93	0.95
耐碱性（24 h）	无异常		
耐洗刷性 / 次≥	350	1 500	6 000

注：浅色是指白色涂料为主要成分，添加适量色浆后，配制成的浅色涂料形成的涂膜所呈现的浅颜色按 GB/T 15608 中规定明度值为 6 ～ 9 之间（三刺激值中的 Y_{D65} ≥ 31.26）。

2. 环境标志产品有害物质限量指标：HJ 2537—2014

表 6　建筑涂料中有害物质限量

项　目	产品种类					
	内墙涂料			外墙涂料		腻子（粉状、膏状）
	光泽（60°）≤ 10 面漆[注1]	光泽（60°）> 10 面漆	底漆	面漆	底漆	
挥发性有机化合物（VOC）	≤ 50 g/L	≤ 80 g/L	≤ 50 g/L	≤ 100 g/L	≤ 80 g/L	≤ 10 g/L
乙二醇醚及其酯类的总量（乙二醇甲醚、乙二醇甲醚醋酸酯、乙二醇乙醚、乙二醇乙醚醋酸酯、二乙二醇丁醚醋酸酯），mg/kg	—			≤ 100		—
游离甲醛，mg/kg	≤ 50					
苯、甲苯、二甲苯、乙苯的总量。mg/kg	≤ 100					
可溶性铅，mg/kg	≤ 90					
可溶性镉，mg/kg	≤ 75					
可溶性铬，mg/kg	≤ 60					
可溶性汞，mg/kg	≤ 60					
注：内墙涂料的测试条件为 105℃ ±2℃烘干 2 小时。						

3. 水性墙面涂料中有害物质限量的限量值要求：GB 18582—2020

表 7　水性墙面涂料中有害物质的限量

项　目		限量值			
		内墙涂料[a]	外墙涂料[a]		腻子[b]
			含效应颜料类	其他类	
VOC 含量 ≤		80（g/L）	120（g/L）	100(g/L）	10（g/kg）
甲醛含量 /（mg/kg） ≤		50			
苯系物总和含量 /（mg/kg）［限苯、甲苯、二甲苯（含乙苯）］ ≤		100			
总铅（Pb）含量 /（mg/kg） ≤（限色漆和腻子）		90			
可溶性重金属含量 /（mg/kg） ≤（限色漆和腻子）	镉（Cd）含量	75			
	铬（Cr）含量	60			
	汞（Hg）含量	60			

（续表）

<table>
<tr><th rowspan="3">项 目</th><th colspan="4">限量值</th></tr>
<tr><th rowspan="2">内墙涂料[a]</th><th colspan="2">外墙涂料[a]</th><th rowspan="2">腻子[b]</th></tr>
<tr><th>含效应颜料类</th><th>其他类</th></tr>
<tr><td>烷基酚聚氧乙烯醚总和含量 / （mg/kg） ≤
｛限辛基酚聚氧乙烯醚[C_8H_{17}—C_6H_4—（OC_2H_4）$_n$OH，简称 OP_nEO]和壬基酚聚氧乙烯醚[C_9H_{19}—C_6H_4—（OC_2H_4）$_n$OH，简称 NP_nEO]，$n = 2 \sim 16$｝</td><td colspan="3">1 000</td><td>—</td></tr>
<tr><td colspan="5">a 涂料产品所有项目均不考虑水的稀释配比。
b 膏状腻子及仅以水稀释的粉状腻子所有项目均不考虑水的稀释配比；粉状腻子（除仅以水稀释的粉状腻子外）除总铅、可溶性重金属项目直接测试粉体外，其余项目按产品明示的施工状态下的施工配比将粉体与水、胶黏剂等其他液体混合后测试。如施工状态下的施工配比为某一范围时，应按照水用量最小、胶粘剂等其他液体用量最大的配比混合后测试。</td></tr>
</table>

4. 室内空气净化功能涂覆材料净化性能：JC/T 1074—2008

4.1　产品净化性能应符合表 8 的规定。

表 8　净化性能

项目名称	净化效率	
	Ⅰ类	Ⅱ类
甲醛	≥ 75%	≥ 80%
甲苯	≥ 35%	≥ 50%

4.2　产品净化效果持久性应符合表 9 的规定。

表 9　净化效果持久性

项目名称	净化效率	
	Ⅰ类	Ⅱ类
甲醛	≥ 60%	≥ 65%
甲苯	≥ 20%	≥ 30%

5. 抗菌涂料：HG/T 3950-2007

表 10　抗细菌性能

项目名称	抗细菌率 /%	
	Ⅰ类	Ⅱ类
抗细菌性能≥	99	90
抗细菌耐久性能≥	95	85

表 11　抗霉菌性能

项目名称	长霉等级	
	Ⅰ类	Ⅱ类
抗霉菌性能≥	0	1
抗霉菌耐久性能≥	0	1

第三节　艺术涂料性能指标的含义

1. 容器中状态

容器中状态是指涂料在谷器中的性状，如是否存在分层、沉淀、结块、凝胶等现象，以及经搅拌后是否能呈均匀状态。它是最直观的判断涂料外观质量的方法。该项技术指标反映了涂料的表观性能，即开罐效果。

2. 施工性

施工性是指涂料施工的难易程度，用于检查涂料施工是否产生流挂、油缩、拉丝、涂刷困难等现象，表明各种施工方法的可操作性以及涂料施工后所形成的涂膜表观效果。涂料施工的难易程度是涂料能否应用的关键。

3. 干燥时间

涂料涂刷后，涂料从流体层到全部形成固体涂膜的时间称为干燥时间，分为表干时间及实干时间。前者是指在规定的干燥条件下，一定厚度的湿涂膜表面从液态变为固态所需要的时间。后者是指全部形成固体涂膜的时间。两者均以小时或分表示。该项性能与涂料施工的间隔时间有很大关系，因此施工间隔时间由涂料干燥时间来决定。

4. 耐水性

耐水性是指涂膜对水的作用的抵抗能力。在规定的条件下，将涂料试板浸泡在蒸馏水中，观察其有无发白、失光、起泡、脱落等现象，以及恢复原状态的难易程度。涂膜耐水性的好坏直接影响涂料在基材上的附着力的优劣。

5. 耐碱性

耐碱性是指涂膜对碱侵蚀的抵抗能力。在规定的条件下，将涂料试板浸泡在一定浓度的碱液中，观察其有无发白、失光、起泡、脱落等现象。艺术涂料使用的基材有多种，基材大多为碱性，要求漆膜具有一定的耐碱性。

6. 耐洗刷性

耐洗刷性是指在规定的条件下，涂膜用洗涤介质反复擦洗而保持其不损坏的能力。内墙涂料饰面经过一定时间后，容易有灰尘、脏物、划痕等，需要用洗涤液或清水擦拭干净，使之恢复原来的面貌。因此该项技术指标对艺术涂料很重要。

7. 低温稳定性（也称冻融稳定性）

低温稳定性是指涂料经受冷热交替的温度变化，即经受冷冻及随后融化（循环试验后）而保持原有性能的能力。通常是在一定条件下，经过几个循环后观察涂料有无结块、组成物分离及凝聚 、发霉等变化。

8. 耐温变循环性

耐温变循环性是指涂层经受冷热交替的温度变化而保持原性能的能力。通常是在一定条件下，涂层经过几个冻融循环后，观察涂层表面的变化，以涂层表面是否发生粉化、起泡、开裂、脱落等现象来表示。

9. 耐沾污性

耐沾污性是指涂膜受灰尘、大气悬浮物等污染物沾污后，清除其表面上污染物的难易程度。

10. 耐人工老化性

耐人工老化性是指涂膜抵抗阳光、雨露、风霜等气候条件的破坏作用（失光、变色、粉化、龟裂、长霉、脱落等）而保持原性能的能力。可用天然老化或人工加速老化技术指标来衡量其耐候性能。前者是在不同的气候类型区域内同时进行曝晒试验，通过设置曝晒场来完成，是涂膜耐候性最为理想的试验方法。但天然曝晒试验周期过长，不能满足工程的需要，因此采用人工加速老化的方法。通过人工老化仪人为地创造出模拟自然气候因素的条件并给予一定的加速性，以克服天然曝晒试验所需时间过长的不足。这是目前评定耐久性采用较多的方法。

11. 对比率

对比率反映的是干涂膜对底材的遮盖能力。它是在给定湿膜厚度或给定涂布率的条件下，采用反射率测定仪测定在标准黑板和白板上涂膜反射率之比。对比率数值越接近 1，干膜遮盖能力越强。

12. 遮盖力

遮盖力是指涂膜遮盖底材的能力，也是指色漆均匀地涂刷在物体表面上，能遮盖住物面原来底色的最小用漆量，以 g/m^2 为单位来表示。涂料的遮盖力代表湿涂膜遮盖底材的能力。其测试方法是在一块已知面积的黑白格玻璃板上均匀地刷上涂料，在散射光下或在规定的光源设备内，至刚好看不清黑白格为止，用电子天平称出黑白格板上的涂漆量，然后计算出每平方米的涂布量，即是涂料的遮盖力。

13. 固体含量

涂料的固体含量是指体系中的不挥发分的量，一般用不挥发物的质量分数表示。其主要来自成膜物质的固体含量和颜填料的质量之和。涂料的固体含量越高，施工后形成的涂膜厚度越大。在单位面积用量相等的情况下，不同的固体含量导致涂膜厚度的差异，在工程应用中很重要，也是涂料配方设计中的重要参数。

14. 黏度

涂料的黏度是涂料产品的重要性能指标之一，它对涂料的储存稳定性、施工性、开罐效果都有很大影响。因此，涂料的黏度常用来作为产品的内控指标。一般用斯托默黏度计进行测量，所测定的黏度是产生 200 r/min 转速所需要的负荷，单位用 KU 值表示。不同的涂料施工黏度不同，乳胶涂料的施工黏度一般控制在 75 ～ 100 KU。在涂料施工时，黏度过高会使施工困难、涂膜流平性差，黏度过低会造成流挂、涂膜较薄等弊病。

15. 细度

细度是指涂料中颜填料分散程度的量度，即在标准细度计上所得到的读数，最终能反映涂膜的细腻程度。粒径越小，所形成涂膜的手感越细腻，表面越光滑，能够减少对光的漫反射，涂膜的光泽度高。反之，粒径越大，所形成的涂膜表面越粗糙，光泽度相对较低它是涂料生产过程中的内控指标。内墙涂料对此项指标要求较高，一般粒径控制在 60 μm 以下。这和中国人的习惯和传统观念有关，大多数人都喜欢表面光滑的物体。西方人则刚好相反，他们追求的是自然而古朴的效果，某些国外品牌的涂料细度一般控制在 100 μm 左右。

16. 附着力

附着力是指涂膜与被涂物件表面（通过物理和化学力的作用）结合在一起的牢固程度。附着力与涂料中所选择的基料有关，还与底材的表面预处理、施工方式以及涂膜的保养有十分重要的关系。如潮湿、有油脂、有灰尘的表面，涂膜的附着力就差。该项指标表明，涂料对基材的黏结程度对涂料的耐久性有较大影响。

17. 初期干燥抗裂性

初期干燥抗裂性是指砂壁状涂料、复层涂料等厚质涂料或腻子产品，从施工后的湿膜状态到变成干膜过程中的抗开裂性能。该项指标是对某些厚质涂料及腻子产品提出的要求，如浮雕或内外墙腻子。它可反映出涂料内在质量，直接影响装饰效果及最后涂层性能。

18. 打磨性

打磨性是指涂膜经研磨材料打磨后，产生平滑无光表面的性能。根据要求，研磨材料可以是各种规格的砂纸或其他材料。可以干磨或沾水湿磨，以涂膜表面打磨的难易程度或经打磨后产生的表面状态（如发热、变软等）来评定。

19. 黏结强度

黏结强度是指涂层单位面积所能经受的最大拉伸荷载，是涂层的黏结性能，常以兆帕（MPa）表示。该项指标是砂壁状建筑涂料、复层涂料及室内用腻子等厚质涂层必须测定的重要指标，是厚质涂层对于基材黏结牢度的评定。该项指标是对涂料配套的腻子产品提出的，它直接影响面层涂料的平整度。

20. pH 值

pH 值是衡量涂料酸碱度的一个指标。一般经水养护过的水泥墙面 pH 值为 10 左右。为了使施工后的涂料和墙面有一个很好的相容性和结合性，涂料的 pH 值一般控制在弱碱性 7.5 ～ 10 的范围内，同时弱碱性也有助于提高涂料的储存稳定性。此项指标一般为工厂的内控指标。检测仪器为酸度计或 pH 值试纸。

21. 光泽

光泽是指涂膜表面把投射在其上的光线向一个方向反射出来的能力，反射的光量越大，则其光泽越高，可以用涂膜的光泽度来表示。光泽度是利用光泽度仪来测定的。涂料的光泽可分为高光、半光、丝光、亚光等数种。影响涂膜光泽的因素有很多，如乳液含量、乳液粒径大小、粉料的种类、粒径大小，还有涂膜的平整度等。 体系中乳液含量越高，涂膜的光泽越高；乳液的粒径越细，涂膜的光泽越高。体系中的粉料都有消光的作用，会降低涂膜的光泽。涂膜表面平整度也会影响光泽，表面越平整，光泽越高。

22. 涂料有害物质种类

在建筑内墙涂料中，与环保、健康有关的指标是 VOC、重金属、游离甲醛及其聚合物。

（1）VOC。VOC 是指挥发性有机化合物，如苯系物、芳香烃等物质。为了使涂料有更好的储存和使用性能，生产时必须加入一些有机溶剂或助剂，如防冻剂或成膜助剂等，通过使用后，会挥发到空气中，对环境产生不同程度的污染。此项指标是判定涂料产品中挥发性有机化合物的含量，反映涂料在生产、施工和应用过程中，对人体健康的影响和对室内环境的影响。

（2）重金属。重金属是指铅、镉、汞、铬等有毒物质。在艺术涂料中，不会人为将重金属添加到涂料中，而是采用了某种含有此种物质的原材料而引入，如铬黄颜料等。在艺术涂料中，重金属大部分来源于颜填料，因此在生产艺术涂料时应严格控制原材料的重金属含量。

（3）游离甲醛。游离甲醛会对人体健康造成伤害，对皮肤黏膜有很强的刺激性，并为可疑致癌物，在艺术涂料中不得人为加入。艺术涂料中的游离甲醛含量主要来源于防腐剂及合成树脂乳液，在生产艺术涂料时应严格控制乳液及防腐剂的质量，采用净味无醛的原材料。

23. 抗菌涂料

抗菌涂料是指具有抗菌作用的涂料。

抑菌和杀菌作用总称为抗菌。抑菌指抑制细菌、真菌、霉菌等微生物生长繁殖的作用。杀菌指杀死细菌、真菌、霉菌等微生物营养体和繁殖体的作用。

微生物广泛存在于自然界，通常霉菌适宜繁殖生长的自然条件为温度 23 ～ 38℃，相对湿度为 85% ～ 100%。因此，在温湿地区的建筑物内外墙面，以及其他地区恒温、恒湿车间的墙面、顶棚、地面、地下建筑等适合霉菌的生长。它们繁衍迅速，并由此生出各种酶、酸和毒素的代谢产物，从而影响物品的外观与质量，造成环境污染，危害动植物的生长和人类的健康。如果采用普通装饰涂料，就会受到霉菌不同程度的侵蚀。霉菌对于有机类涂料涂层侵蚀更为严重，受霉菌腐蚀以后的涂层会褪色、沾污，以致脱落。这是因为霉菌侵蚀涂膜以后，会分泌出酶，这些分泌物会进一步分解涂料中有机成膜物质，成为霉菌生长的营养物质，从而破坏整个涂层。尤其在中国南方多雨的情况下，更加应该注意。所以，在很多南方地区或潮湿地方，防霉是件很重要的事情。对于建筑物的防霉也应引起足够的重视，而采用抗菌涂料涂刷墙壁及地面是解决这一问题的有效措施之一。抗菌涂料具有建筑装饰和防霉的双重效果，对霉菌、酵母菌有广泛高效和较长时间的杀菌及抑制能力。

第四节　常见艺术涂料的配方构成

目前国内市场的艺术涂料品牌非常多，各品牌之间相同产品依然也是存在各种差异，每个厂家的配方也是天差地别。本节简要介绍目前市面上常见的几款艺术涂料的配方构成以及组成配方的各个原材料的作用及原理，以便大家更好地认识和了解艺术涂料。

1. 肌理艺术涂料

表 12　肌理艺术涂料参考配方

序号	原材料名称	A	B
1	水	127	135
2	杀菌剂	1	1
3	普为 D-66 分散剂	5	5
4	润湿剂	2	2
5	纤维素	2	2
6	消泡剂	1	1
7	pH 值调节剂	1	1
8	万华 8160 乳液	300	400
9	钛白粉	50	50
10	滑石粉	110	90
11	重钙	300	200
12	膨润土	30	30
13	成膜助剂	15	20
14	抗冻融助剂	20	20
15	防腐剂	1	1
16	消泡剂	2	2
17	增稠剂	3	3
18	普为 H-126 增稠剂	20	25
19	增稠剂	10	12
合计		1 000	1 000

制备方法：

（1）首先在不锈钢分散缸中按质量份数加入分散介质水，开动搅拌机，转速 200 r/min，然后按配方准确称取表 12 中的 2—4 各种物料，混合均匀。

（2）分散中加入表 12 中的 5，转速 1000 r/min，高速分散 30 分钟至完全溶解。

（3）依次加入表 12 中的 6—7，转速 500 r/min，中速分散 5 分钟至均匀。

（4）分散中加入表 12 中的 8。待完全混合均匀后加入表 12 中的 9—12，转速 1 200 r/min，高速分散 20 分钟。颜填料粒子在高速分散机的高剪切速率作用下，被分散成原级粒子，同时因为高速分散机的作用，缸内温度上升至 50℃以上。

（5）用细度板检查浆料细度，满足细度 $< 20\ \mu m$ 即可调低转速，以便调漆。

（6）转速 500 r/min，中速分散中加入表 12 中的 13—14，搅拌 5 分钟至混合均匀。

（7）加入表 12 中的 15，转速 500 r/min，分散 5 分钟。

（8）依次加入表 12 中的 16—18，根据实际情况调整整个体系的黏度来达到出货需求。

肌理艺术涂料在国内艺术涂料中的应用已经很广了，各厂家生产的产品也存在不小的差异化，有些产品开桶就可以直接使用，有些产品又需要加入 5% ~ 10% 的水稀释后再施工使用。所以要根据当地市场的主流行情来决定该产品的黏度体系，只需要调整表 12 中的 16—18 这三项的用量来达到黏度要求。表 12 中的 17 是增加低剪黏度，表 12 中的 18 是增加高剪黏度，调整这些就可以满足肌理艺术涂料纹路的清晰度了。值得注意的是，虽然纤维素可以提高黏度，但是加量过多的话，容易在用肌理滚筒压花时将材料带起，造成花纹不清晰、毛边等现象。

图 2-6 肌理艺术涂料样板

2. 天鹅绒艺术涂料

表 13　天鹅绒艺术涂料参考配方

序号	原材料名称	A	B
1	水	92	269
2	杀菌剂	1	1
3	普为 D-66 分散剂	5	5
4	润湿剂	5	5
5	纤维素	4	4
6	消泡剂	1	1
7	pH 值调节剂	1	1
8	滑石粉	150	80
9	万华 8169 乳液	300	330
10	成膜助剂	20	23
11	抗冻融助剂	10	10
12	防腐剂	180	240
13	消泡剂	1	1
14	增稠剂	2	2
15	增稠剂	8	8
16	普为 H-126 增稠剂	20	20
合计		1 000	1 000

制备方法：

（1）首先在不锈钢分散缸中按质量份数加入分散介质水，开动搅拌机，转速 200 r/min，然后按配方准确称取表 13 中的 2—4 各种物料，混合均匀。

（2）分散中加入表 13 中的 5，转速 1000 r/min，高速分散 30 分钟至完全溶解。

（3）依次加入表 13 中的 6—7，转速 500 r/min，中速分散 5 分钟至均匀。

（4）分散中加入表 13 中的 8，转速 1 200 r/min，高速分散 30 分钟。用细度板检测细度，满足细度＜ 20 μm 即可调低转速，以便调漆。

（5）依次加入表 13 中的 9—11，分散中加入表 13 中的 12，转速 800 r/min，中速分散 10 分钟，珠光粉搅拌均匀。

（6）依次加入表 13 中的 13、14，根据实际情况添加表 13 中的 15、16，调整体系黏度。

天鹅绒艺术涂料是目前市场上最为火热的一款产品，因其表面的丝绒感以及强烈阴阳面带来的高档享受，成为现在的家装客户的首选墙面装饰材料。天鹅绒艺术涂料最关键的阴阳面效果主要是靠珠光粉跟滑石粉混合在一起产生的视觉感受。珠光含量的高低决定了阴阳面的强烈程度，也决定了成本的高低。市面上艺术涂料的厂家基本每家都有天鹅绒艺术涂料这款产品，但每家产品的施工性都各不相同。

图 2–7 天鹅绒艺术涂料样板

图 2–8 天鹅绒印花艺术涂料样板

3. 雅晶艺术石涂料

表 14　雅晶艺术石涂料参考配方

序号	原材料名称	A	B
1	水	113	113
2	杀菌剂	1	1
3	普为 D-66 分散剂	3	3
4	润湿剂	2	2
5	纤维素	2	2
6	消泡剂	1	1
7	pH 值调节剂	1	1
8	万华 8120 乳液	170	170
9	钛白粉	10	10
10	重钙	400	400
11	膨润土	5	5
12	成膜助剂	10	10
13	抗冻融助剂	10	10
14	消泡剂	1	1
15	防腐剂	1	1
16	石英砂	100	70
17	石英砂	160	150
18	石英砂	0	40
19	普为 H-126 增稠剂	10	10
合计		1 000	1 000

制备方法：

（1）首先在不锈钢分散缸中按质量份数加入分散介质水，开动搅拌机，转速 200 r/min，然后按配方准确称取表 14 中的 2—4 各种物料，混合均匀。

（2）分散中加入表 14 中的 5，转速 1 000 r/min，高速分散 30 分钟至完全溶解。

（3）依次加入表 14 中的 6—7，转速 500 r/min，中速分散 5 分钟至均匀。

（4）分散中加入表 14 中的 8，混合均匀后加入表 14 中的 9—11，转速 1 200 r/min，高速分散 30 分钟。用细度板检测细度，满足细度 $< 40\ \mu m$ 即可调低转速，以便调漆。

（5）依次加入表14中的12—15，转速500 r/min，中速分散10分钟。

（6）依次加入表14中的16—18，根据实际情况添加表14中的19，调整体系黏度。

雅晶艺术石涂料也是目前市场上很流行的一款产品，这款材料在室内装修可以大面积使用，而且操作简单，施工便利。市面上很多厂家的雅晶石也各不相同，纹路粗细的大小最终由配方中表14中的16—18的不同目数的砂粒的比例决定，施工性的好坏跟整个体系的黏度强弱相关。关于乳液的选择也很关键，干燥速度不能太快，不然批刮完成后就干燥了，没有充分的时间来对整个表面进行搓花等操作。所以整个配方的干燥速度一定要控制得当，冬用配方和夏用配方一定要区别开。

图2-9 雅晶艺术石涂料样板

第三章

艺术涂料的市场发展趋势

第一节　当前墙面装修主要材料及性能分析

图 3–1 艺术涂料应用于古典客厅

墙面是室内建筑空间中面积最大的区域，不仅是家居室内装修中重要的组成部分，也是家居空间中视觉敏感性最强的部位。墙面装修的好坏直接会影响到整体室内装修效果的优劣，而要有好的装修效果，必须准确选择墙面装修材料。

当前墙面装修材料主要有传统涂料类、墙纸墙布类、瓷砖石材类、护墙板类及艺术涂料类。下面就这些主要的墙面装修材料做逐一分析。

一、传统涂料类

传统涂料是近 30 年来最主要的墙面装修材料。由于它具有造价低、装饰性好、工期短、工效高、自重轻，以及施工操作、维修、更新都比较方便等特点，长期占据 60% 左右的市场份额。

1. 建筑涂料的品种很多，选用时应根据建筑物的使用功能、墙体周围环境、墙身不同部位，以及施工和经济条件等进行选择。应用内墙的涂料除应满足装饰要求外，还需有很好的环保性能。炎热多雨地区选用的涂料，应有较好的耐水性、耐高温性和防霉性。

2. 室内涂料通常有几类，性能各不相同。

（1）**无机涂料：**无机涂料是一种以无机材料为主要成膜物质的涂料。在建筑工程中常用的无机涂料主要是碱金属硅酸盐水溶液和胶体属氧化物纳米材料等，与丙烯酸树脂复合而成，除具有一般涂料应有的耐擦洗、环保性能外，最主要的是具有 A 级防火性能，能满足国家对公共区域的防火等级要求。

（2）**醋丙涂料：** 醋丙涂料是一种以醋酸乙烯与丙烯酸共聚的乳液生产的涂料。其主要用在室内，具有丰满度高，手感柔和细腻的特点，但耐黄变效果不足。

（3）**苯丙涂料：** 苯丙涂料是一种以苯乙烯与丙烯酸共聚的乳液生产的涂料。其具有很好的耐水、耐碱性能。

（4）**纯丙涂料：** 纯丙涂料是一种以丙烯酸酯和丙烯酸共聚的乳液生产的涂料。其多数用在室外，但也用在室内，具有很好的耐黄变和耐候性能。

二、墙纸墙布类

墙纸、墙布是将卷材类软质饰面装饰材料用胶粘贴到平整基层上的装修做法。

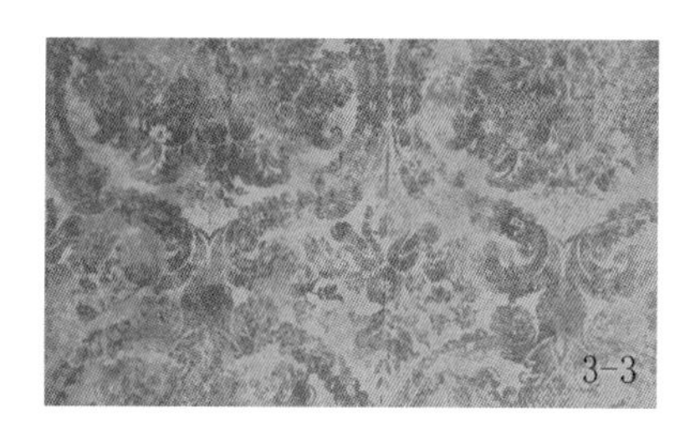

图 3-2 竖纹墙布

图 3-3 花纹墙纸

1. 墙纸类

墙纸，又称壁纸。中国早在唐朝时期，就有人在纸张上绘图来装饰墙面。19 世纪中叶，英国人威廉·莫利斯开始大批量生产印刷墙纸，有了现代意义上的墙纸。随着时代的变迁，墙纸的发展随着世界经济文化的发展而不断发展，先后经历了纸、纸上涂画、发泡纸、印花纸、对版压花纸、特殊工艺纸的发展变化过程。

2. 墙布类

墙布，又称壁布。墙布用棉布为底布，并在底布上施以印花或轧纹浮雕，也有以大提花织成。其所用纹样多为几何图形或花卉图案。

墙纸墙布类材料在国内发展有一段时间，近期有墙布替代墙纸的倾向。这类产品装修档次高，得到很多高端客户的认可，但也存在一定的问题，比如起皮、发霉、后期不好维护等，在我国南方，由于天气潮湿，这种问题就更明显。这些问题造成客户回购率低，因此未来发展受到很大限制。

三、瓷砖石材类

1. 瓷砖

瓷砖以高硬度、耐污染、性能稳定而广受用户喜爱，几乎是卫生间、厨房和地面装修的首选。除了常规瓷砖外，当前大理石瓷砖很流行，应用范围延伸到仿石材的效果，尤其是大板，更成为高端装修的首选。

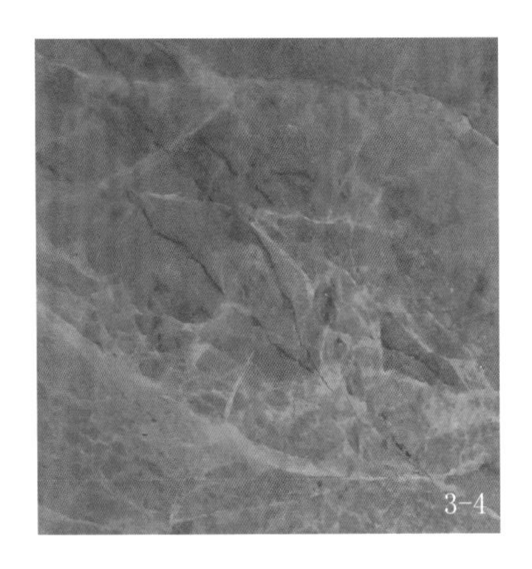

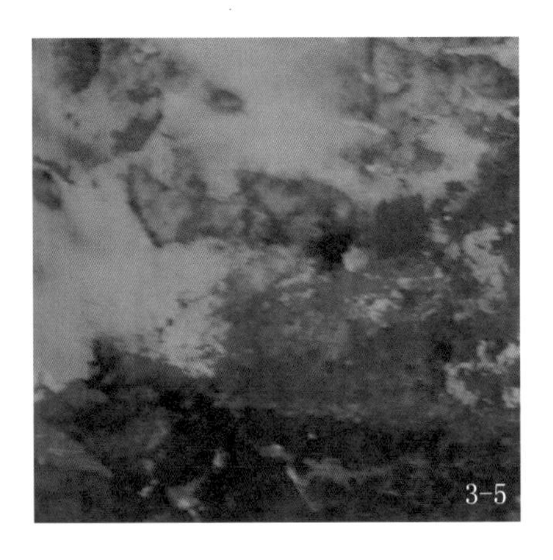

图 3-4 瓷砖样板

图 3-5 石材样板

2. 石材

用于墙面装修的天然石板有大理石和花岗岩，它们都属于高级装修饰面材料。大理石具有非常美的天然纹路，颇有艺术感，装饰效果十分豪华。花岗岩具有规律性的点状花纹，且有很高的强度，比较适合外墙干挂。

瓷砖石材类材料装修效果相对其他材料来说，更显档次，成本也更高，但装修风格偏冷，不适合大面积装饰使用。

四、护墙板类

护墙板是一种由竹木纤维或 PVC 制作的新型墙体装修材料。其施工快捷，市场上又称之为快装板，特别适合于普通快捷酒店、会所装修。

护墙板也有如下缺点：

1. 安装和维护的成本高：相比于普通的墙面，护墙板肯定是一笔不小的支出，而且如果选择的是质量较好的护墙板，成本就更高。

2. 占用空间：护墙板的安装是通过龙骨来实现的，因此占用空间相对较多，而这些空间也给未来的维护带来隐患，如发霉、各类虫害藏身之所等。

第五类：艺术涂料类

艺术涂料是涂料类的一个全新品种，却有着与传统涂料完全不同的装饰效果，与墙纸、墙布很类似，也可以达到石材的效果，甚至可以达到个性化的艺术绘画效果。随着人们生活水平的提高，人们正从追求简单物质生活转向物质与精神共同发展的阶段，在居家装修上，传统的墙面装饰过于简单而平淡，而我们的生活需要文化与艺术的色彩，有层次、有文化、有艺术的墙面装饰效果正是我们的追求。

艺术涂料作为现代新型的一种墙面装饰艺术漆，具有新颖的装修风格和独特的装修效果，赢得了广大业主的青睐。艺术涂料还具有防水、防霉、杀菌、防开裂等特点，并且还是一种安全、无毒、主动环保的绿色健康建筑装饰材料，符合现代人对健康生活的要求。

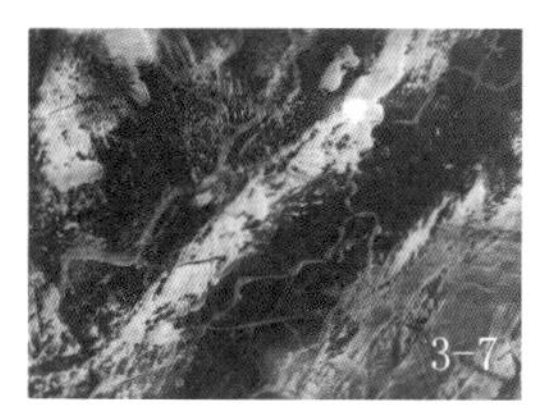

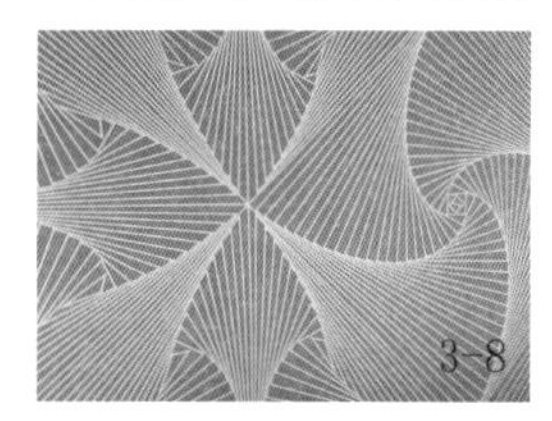

图 3-6 复古纹路艺术涂料应用于电视背景墙

图 3-7 灰泥擦色石纹效果样板

图 3-8 幻彩变色几何纹路样板

第二节　国内艺术涂料发展历程及现状

一、国内艺术涂料发展历程

广泛意义上的艺术涂料在中国有上千年的应用历史，但作为现代家装材料，成系统的发展，仍然以欧洲引入为主，是近15年的事情，且最近五六年才开始兴起。自2015年下半年开始，在整个涂料圈不太“景气”的时候，艺术涂料突然成为涂料行业的新亮点。其原因如下：

首先，近年来由于传统涂料市场的利润空间逐步被压缩，涂料行业处于发展困境期，面临转型压力，这就促使涂料行业必须发掘新的市场蓝海。艺术涂料的高利润催生了行业的发展，众多涂料企业合力加快艺术涂料发展，助推其成熟。

其次，艺术涂料把传统的装饰模式从乳胶漆、涂料的单调、单色、平滑型时代带入了天然环保型、质感、纹理、个性色彩涂装的全新时代。艺术涂料很好地迎合了现代装饰求新、求变的消费观念。艺术涂料的装饰表现效果极富艺术欣赏性，能满足建筑装饰的精神环境需求。艺术涂料在施工过程中，需要将材料、工艺、技师技法、色彩融合进行完美组合，可以说艺术涂料是装饰材料中最能满足各种设计装饰要求和设想的产品。

最后，艺术涂料弥补了墙纸易起皮、发霉的不足，很高的耐用性使它替代了部分墙纸市场。

二、国内艺术涂料发展现状

1. 在追求精品化、设计风格多样化的今天，消费者在选择墙面装饰材料的时候，不再是仅仅满足于单一的颜色装饰，即使乳胶漆也发展到有多种色彩可选择，但这仍旧满足不了消费者追求个性的需求。在消费者需求的刺激下，国内涂料企业纷纷推出自己的艺术涂料品牌，甚至联合国外艺术涂料品牌进入中国市场。但是因其市场价格相对较高，施工工艺比传统乳胶漆复杂得多，目前依然属于部分高端消费者使用的小众产品。

2. 艺术涂料对于施工人员要求严格，需要其有较高的技术，这是艺术涂料较难快速推广的原因。艺术涂料的施工过程并不像墙纸那么简单，由于最后效果的好坏跟施工人员的素养和专业技术的高低都有着很大的联系，因此技术工人的培训显得至关重要。

3. 艺术涂料目前市场认知度还不是很高，消费意识还有待培育。在一项针对部分“70后、80后、90后”消费者的调查中显示，还有60%的受访者不知道艺术涂料，只有20%的受访者表示未来装修会尝试使用艺术涂料。艺术涂料取代墙纸、墙布、传统乳胶漆，是对传统装修的颠覆，可能在短时间内很难被接受。不过，只要消费者一旦了解、接受，就会形成新的习惯。因此，引导消费者这个过程就变得十分重要。此外，传统的销售渠道也制约了艺术涂料的推广，目前艺术涂料销售的主要渠道为建材市场、涂料经销商，相对简单。

4. 2018年被业内称为艺术涂料发展的元年。正是这一年，部分涂料界的大企业正式进军艺术涂料，有力推动了艺术涂料行业发展。如今，艺术涂料市场呈现三大阵营：

（1）**进口品牌**：企业号称产品为原装进口，有国外品牌经营历史，产品主走高端，强调专卖店经营。

（2）**大品牌**：以前在零售领域做得比较成功的品牌，利用其品牌和经销网络优势推广。

（3）**专业品牌**：自主创造与技术引进相结合，以经营艺术涂料为中心，强调专业化，服务全面。

第三节 未来艺术涂料发展方向

涂料企业要想在艺术涂料领域有所作为，需要在产品的细分方面做足功夫，无论是品牌化经营还是深入开拓细分领域，都要求涂料企业优化生产、销售、施工、售后等服务环节。与此同时，艺术涂料施工上的高难度，注定涂料企业不可能单纯地通过传统的经销商完成销售与施工服务，因此建设从生产、销售到施工服务一条龙的专业团队，将是发展艺术涂料的企业不得不面对的选择。

随着艺术涂料市场的逐步扩大，以及消费市场培育发展起来后，必然会出现艺术涂装工艺人才短缺的局面。艺术涂料企业要想发展，必将着眼于长远，从全局出发来构建完善的涂装培训体系。艺术涂料企业不仅要加强涂装工艺技术的培训，还需要慢慢提升涂装技术工人在色彩、软装等方面的意识，以便于将艺术涂料的精髓带给消费者。

艺术涂料作为行业跨界产品，融合了涂料和墙纸、墙布的优点，且加入了个性化的艺术元素，符合行业发展需求。艺术涂料正在快速发展，总结起来，其发展趋势如下：

一、艺术涂料的市场将会越来越大

1. 艺术涂料是墙面的“时装”，它往往和时装一样代表时代的潮流，反映人的个性，表达人们对美丽和舒适的追求。随着近几年来人们的消费水平和生活质量的提高，装修建材市场迅速发展，消费者对室内装修的要求也不断提高。而艺术涂料是现在市场上比较流行的内墙装饰涂料，它让墙面变得更加具有多层次、多色彩的效果，也更具个性化，不断满足人们的喜好与品位。

中国人口众多，市场庞大，有将近 4 亿户家庭，每年装修的客户达 3 000 万户，再加上其他公共区域，装修市场需求量非常大。此外，现代人装修追求新颖时尚，突出个性，而艺术涂料刚好满足了这个年轻市场的需要。

对于装饰公司来说，艺术涂料可以使设计师在市场竞争中拥有一件利器，从而极大地丰富设计师的设计理念，设计出更多元化的作品，在工艺上可以更多地满足主人的个性化需求，并以完美的效果从众多的竞争对手中脱颖而出。

2. 艺术涂料是传统涂装效果的升级，与传统乳胶漆的涂装效果相比，艺术涂装效果是复色涂装，有立体感，加上设计师巧夺天工的设计，墙面仿佛有了生命，有了灵气，有了风格。不过，艺术涂料市场仍处于培育、布局和区域性收获阶段。只有少数的艺术涂装先行者，在个别区域市场崭露头角，但远未达到行业成熟、标准统一、高度集中的行业性的收割阶段。相比其他成熟的细分领域在涂料行业中的占比，艺术涂料的市场总量目前仍然不大，但发展空间极大。

二、以服务和设计为导向的艺术涂料企业将崛起

消费群体已经发生根本变化：60后、70后主导消费市场的时代逐渐结束，80后、90后已经崭露头角，并以主导社会建设和消费决策之态，裂变着终端消费结构。如果说过去的十年是以产品、价格、渠道、促销为驱动力的行业市场，那么未来则将是以产品、设计、服务、体验为核心要素的行业市场。在消费多元化的背景下，消费需求被进一步激活，对于产品和服务的认知将发生革命性的变化。

服务是当下艺术涂料行业最为关键的业务之一。在未来的市场需求下，哪家企业占据了服务的制高点，哪家企业就能够占据市场的制高点。设计服务、流程服务、售后服务、技术服务等维度的服务都将成为赢得市场的关键。未来，对设计、产品、服务重视的企业将在新一轮的竞争中获得一席之地，而那些仍然以渠道、促销、价格为核心竞争力的企业，将受到来自市场、消费者和行业发展的多重打击和影响。

三、有品牌价值的艺术涂料会得到最终认可

1. “品牌就是无形资产，就是附加价值！”品牌是企业与消费者最重要的触点，能够产生巨大的价值回馈。在商业社会中，对消费者来说什么成本最高？选择成本最高。商家生产出100元的产品，但真正让消费者去选择这个产品，可能需要付出远超100元的费用。

品牌能够跟消费者建立坚实的认知，让消费者产生信赖，这就是一种巨大的价值。品牌的价值不是靠一两件产品的成功来创造的，而是靠一件接一件产品的成功积累而来的。也就是说，持续的产品创新才能不断推高产品的品牌价值。而不断推高的品牌价值，使得企业获得的收益不仅是单件产品创造的利润和收入，而是长期具备巨大的市场能力支撑的品牌价值。这对企业的意义远远超出单件的爆款产品的价值。所以，产品创新塑造品牌，品牌产生价值回馈，从而推动企业发展。

2. 可口可乐的总裁罗伯特·伍德鲁夫曾说过一句话：“即使可口可乐的工厂被大火烧掉，只要可口可乐品牌在，给我三个月时间我就可以重建完整的可口可乐。”德鲁克说：“企业的成果在企业外部，在企业内部只有成本。所以说大火能够烧掉的都是花钱马上就可以重建的，只是多花一点时间。真正烧不掉的成果是什么？那就是在顾客的心智中，左右了顾客选择和认知的载体——品牌。”

品牌真正的力量体现在心智预售，在顾客看到你的产品之前，或者是打开手机 APP 之前就已经想好了要选择你品牌的东西，而不是现场的随机购买。它降低了生产者和顾客之间的信息费用，加快了顾客的选择。把更多的信息集中在一个品牌上，可以促成规模经济，也可以促进专业分工，进一步提升效率，同时还降低了顾客和其他主体之间的信息沟通成本。

3. 品牌是企业开拓市场、占领市场的最强有力的武器之一。从市场的角度看，品牌是企业的第一生产力。从产品的角度看，生产的技术、工艺和质量决定了产品的价值，而品牌则可以使产品产生更大的附加值，即超价值。以美国市场上畅销的芭比娃娃为例，其基本上都是中国内地的工厂生产和加工的。芭比娃娃在美国市场的平均售价为 10 美元，而我们的平均出口价仅为 0.4 美元。这就是质量价值和品牌价值的惊人之比。品牌竞争在很大程度上克服了商品在质量和价格竞争中存在的对消费者信息不对称的弊端，使消费者在市场品牌的价值面前实现了商业和消费上的人人平等，最大限度地保护了消费者的消费利益和消费权利，是市场经济公开、公平、公正这一优越性的充分体现。

品牌还是衡量一个国家国际竞争力的重要指标之一。要想知道这个国家的国际竞争力究竟如何，看看其拥有多少国际知名品牌便可一清二楚。这被认为是考察一个国家竞争力最简单、最有效、最直观的方法之一。同理，这也同样适用于对一个地区经济竞争力的考察和了解。如果说质量是产品的生命，那么品牌就是企业的生命。质量体现在产品上，而产品和企业则必须聚焦在品牌上。

四、主动环保的艺术涂料将成为主流

环保分为被动环保与主动环保：被动环保指的是产品本身是环保的、无害的，并且符合相关行业和国家标准。主动环保指的是产品不仅本身环保，而且还能持续对空气进行净化，主动解决室内空气污染问题。

经国家权威机构检测，厦门某艺术涂料厂家研发的主动环保涂料，能够主动去除室内空气有害物质，如甲醛等，还能去除异味。在净化甲醛功能上，其净化持续时间长达 10 ～ 15 年，覆盖了家居用品 3 ～ 15 年的甲醛挥发周期，保护用户及用户家人免受甲醛等物质侵害，塑造一个健康环保的家。

江苏省环保厅主管、江苏省环境科学研究院主办的权威期刊《环境科技》刊登过一篇研究论文，这篇论文分析了三类室内最常用的专业除甲醛技术，分别是吸附净化技术、光催化净化技术和生物质净化技术。这篇论文的作者随机选取市场上相关种类的产品进行甲醛 24 小时去除率检测。实验结果显示，所选取的三类产品中，光催化净化产品的整体净化根据检验结果显示，该艺术涂料达到94.4%甲醛净化性能，超过了专业除甲醛产品。可以这么说，该艺术涂料就是一款涂在墙上的专业长效净化甲醛产品。除此之外，大部分具备净化甲醛功能的产品，基本都是被动净化，该艺术涂料是主动净化，从这点来看，就有本质的差别。

效果最好，在紫外线光持续照射条件下，平均去除率达到了89.2%；其次是生物质净化产品，平均去除率达到了72.4%；吸附净化产品整体净化效果与前两者相比较差，其平均甲醛24小时去除率为60%。

中心编号：WT2019B01A02688　　第2页 共2页

序号	检验项目	标准要求（I类）	检验结果	单项结论	检验依据
1	甲醛净化性能（%）	≥75	94.4	符合	JC/T 1074-2008 6.5 GB/T16129-1995
2	甲醛净化效果持久性（%）	≥60	83.2	符合	JC/T 1074-2008 6.6 GB/T16129-1995

3-9

图3-9 某具有主动环保功能的艺术涂料厂家产品测试数值

1. 图3-10为甲醛测试箱，被均分为左右两个完全隔离的部分，箱体整体处于密封状态。两部分均放入用玻璃器皿装好的等量福尔马林。同时放入甲醛测试仪测试甲醛含量，读数如图3-11，甲醛严重超标。

2. 现在如图3-12，在左右独立空间里分别放入涂有普通涂料的测试板和涂有主动环保涂料的测试板做对比测试。过一段时间后，放入普通涂料测试板的甲醛测试仪测试的甲醛含量不变，放入主动环保涂料测试板的甲醛测试仪测试的甲醛含量大幅下降，读数如图3-13。

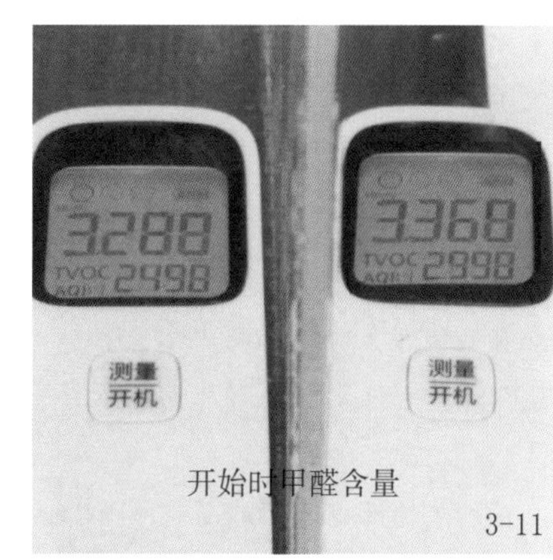

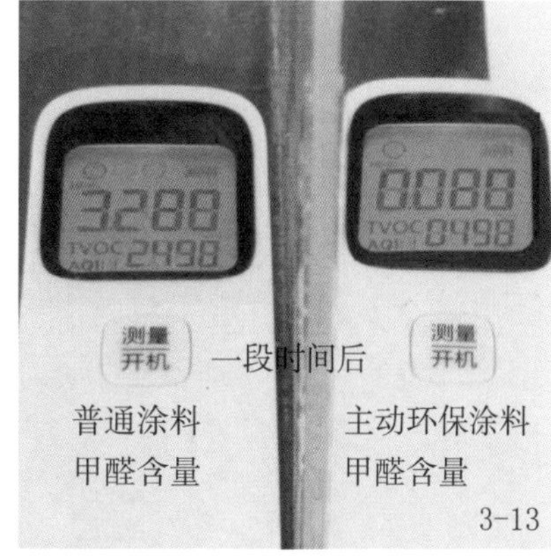

图3-10～3-13 普通涂料和主动环保涂料甲醛测试对比效果

第四章

正确选购艺术涂料

图 4-1 个性化艺术涂料的应用

艺术涂料把传统的装饰模式从单调、单色、平滑型时代带入了天然环保型、质感、纹理、个性色彩涂装的全新时代。艺术涂料的装饰表现效果极富艺术欣赏性，能满足建筑装饰的精神环境需求。特别是近年来，随着人们对生活品质追求的提高，人们对于时尚以及个性的追求也越来越高。消费者对于涂料等家装产品也开始注重其美观性，装饰性涂料产品迅速发展，艺术涂料在此基础上得到了越来越多消费者的认可。

近 20 年来，从简约主义的当代公用建筑，到保守复古主义的家居装修，艺术涂料成为占装修可见面积 70% 以上的墙面的应用主题。而现代艺术涂料装修墙面 DIY、艺术化、个性化，已经成了我们这个时代的标志。艺术涂料的适应性和艺术性强，它涵盖宾馆、酒店、会所、度假村、俱乐部、高档别墅、公寓住宅以及商业建筑的内墙装饰环境等，应用范围非常广泛，将其运用于门庭、玄关、电视背景墙、廊柱、吧台、墙面、天花吊顶等可以直接反映出强烈的格调风格，满足不同人群的使用要求。

艺术涂料应用范围如此之广，市面上的艺术涂料更是品种繁多，那么作为经销商和消费者到底该如何正确选择呢？笔者从下几个方面进行浅析。

第一节　当前市场上的艺术涂料品牌分析

艺术涂料在国内市场正在快速成长，国内大小品牌有上千家。从大范围分，艺术涂料市场品牌可分为四大类：进口品牌、国产综合性大品牌、专业化艺术涂料品牌、国产地方性小品牌。

一、进口品牌

选择进口艺术涂料的优势，在于其品牌价值。相对于国内近些年才兴起艺术涂料，国外艺术涂料已经有了很多年的发展，很多进口品牌拥有更成熟的产品体系。同时，国内目前还有很多人存在崇洋的心理，进口品牌更容易获得高端客户的认可。

选择进口品牌艺术涂料也存在一些不足：

1. 进口品牌订制化比较难。正规的进口品牌都在国外生产，生产和物流速度远不如国内厂家，订制化产品，周期少则20天，多则两个月以上。如果是缺货补货、后期维修，就没法操作了。同时，进口品牌在国内只是独立的销售系统，技术服务及施工团队难免跟不上。

2. 进口品牌的设计风格可能并不太适合国内消费者。由于进口品牌完全在国外生产，受当地生活习惯、风土人情等的影响，其设计理念、风格往往会更适合本土习惯。

3. 进口品牌真假难分。除了极少数品牌外，目前国内很多进口品牌都是虚构的，或者是一些作坊式工厂品牌授权，由国内一些小工厂自行生产。这些企业根本没有国际化经营管理能力，质量和服务完全没有保障。还有更多的是名字很“进口”，实际是国内小品牌贴牌后经过包装，通过“一日游”的方式，就成了手续齐全的“进口品牌”。

例如早年市场很火的某・芬奇家具，它是国际高端品牌的品牌授权者和经销商，本身不生产任何产品，都是授权中国广东东莞某家具公司生产。生产好后，国内生产商把生产的家具交付给某・芬奇公司，某・芬奇公司将这些家具从深圳口岸出港，运往意大利，再从意大利运回上海，从上海报关进港回到国内。通过这种“二进二出”的方法，这些东莞产家具就有了全套的进口手续，成为某・芬奇公司所说的100%意大利原装、国际顶级品牌家具。然而，经记者调查发现，某・芬奇公司销售的这些天价家具相当一部分不是产自意大利而是广东东莞，所用原料不是某・芬奇公司宣称的名贵实木而是高分子树脂材料。经过检测，消费者购买的某・芬奇家具甚至被判定为不合格产品。

还有曾经的“某武仕”音响，厂家称此音响系丹麦生产的原装进口产品，随机附带的丹麦某武仕演示碟上分别印有“丹麦著名高级数位音响”、某武仕中文音译商标、“1932年诞生于欧洲”等内容。其实该产品产自广东东莞的卢村，装上轮船到公海转了一圈回来，就成了“拥有70年历史，具备了象征丹麦王国最高品牌嘉奖的皇家哥本哈根标志品牌”。媒体曝光后，该品牌很快就消失了。

所以，对普通经销商和消费者来说，进口品牌真假难辨，选择时要谨慎。

二、国产综合性大品牌

随着中国经济的不断发展，民族品牌的质量不断提高，市场上也成长出一批有规模的涂料品牌，并得到消费者的认可。这些企业从事艺术涂料生产的经营有一定优势：

1. 品牌和营销网络优势，容易得到消费者认可。

2. 资金较雄厚，有较好的市场推广能力和实力。

3. 生产体系完善，产品质量有保障。

当然，这类企业也存在不足：

1. 由于艺术涂料在目前占据的市场份额很小，不容易得到管理层的重视。

2. 艺术涂料个性化比较强，不适用于大工业化生产，对大品牌自动化流水线来说，是很不利的。

3. 企业流程和管理比较固定，不利于艺术涂料的个性化、订制化服务。

三、专业化艺术涂料品牌

专业化艺术涂料品牌是指由企业自主开发，拥有自主知识产权的品牌。随着新的消费群体的兴起、消费观念的升级，消费者不再单纯地追求性价比，对产品价格的敏感度会降低，对产品的品质要求越来越高，对产品的个性化要求也越来越高。能否及时迎合流行口味的改变，是影响市场需求的重要因素。自主专业品牌由此应运而生，它结合自主创造与技术引进，以经营艺术涂料为中心，强调专业化，服务全面。其优势为：

1. 性价比高。在全球一体化的今天，产品差异化及技术壁垒已经很小。专业品牌采用世界上最先进的技术配方、生产方式及管理方式，在核心原材料如乳液、助剂、钛白等，都采取全球采购与国际大牌同步的原则；在质检流程及要求上也同步欧美标准。因此国产专业品牌在产品质量上不输进口品牌，甚至在某些本土化需求上走在发展前沿。由于人工成本及无须进出口关税等原因，在同等产品同等品质上，国产专业品牌产品的价格会比进口品牌实惠很多。

2. 专业化服务与品质保障。专业品牌会全心全意地投入，并且拥有本行业最专业的技服人员、销售人员、售后服务团队，因此不必担心售后问题。而且因为在国内生产，消费者可以到公司实地考察，不用担心受骗；服务体验上也会更加优质，从售前咨询到产品设计再到生产制作以及后期的售后服务都有专业的团队，可更有效地解决消费者遇到的问题。因此在同等产品同等品质及同等价位上，国产专业品牌会比进口品牌享受更多的优质服务。

3. 精准定位，拥有长期经营发展目标。这类企业经营者通常文化与技术素质高，拥有大企业经营经历，能够以客户为导向经营企业。对经销商来说，选好了，能够获得长期稳定的发展。

四、国产地方性小品牌

这类品牌多数是原来做胶水、腻子粉厂家转变过来的。这类企业经营管理水平和技术研发能力都较弱。他们更多的是利用自己的区域网络优势和油漆工资源生存，企业经营没有长远目标，也不会做大的投入。他们没有自己的研发部门，也没有自己的质检部门及产品标准，质量保障差，也几乎没有售后服务。这类品牌的核心优势就是价格，一部分经销商就是看中这一点，不断更换经营品牌，不利于建立经销信用。对消费者来说，选品牌时一定要仔细查看企业信息资料，必要时网上多搜索，最后再购买，同时要核验经销商信用，包括对施工现场的监督管理。

第二节　不同装修风格艺术涂料的正确选择

艺术涂料的品种繁多，颜色千变万化，那么消费者在装修时该怎样选择自己满意的产品及效果呢?

首先，一定要选择健康环保的艺术涂料，不管是哪种艺术涂料，必须环保，不含甲醛、苯等有害物质，如果还有主动环保功能，那就更好了。其次，选择艺术涂料一定要做好色彩搭配。色彩搭配不协调，再好的艺术涂料看起来都不高端。艺术涂料厂家要有专业的设计师团队，他们要拥有良好的设计功底及脱俗的艺术眼光，能为客户提供量身定做服务。最后，一定要选择有专业施工技术团队的艺术涂料品牌。艺术涂料是纯手工工艺涂料，用同样的方法不同的施工人员做出来的效果都是有差异的，所以选择有专业施工团队的艺术涂料品牌很重要。

具体到不同的装修风格艺术涂料该如何选择，下面就笔者的经验做些简单阐述。

一、新中式风格艺术涂料的选择

新中式风格是传统中式家居风格的现代生活理念，通过提取传统家居的精华元素和生活符号进行合理的搭配、布局，在整体的家居设计中既有中式家居的传统韵味又更多地符合了现代人居住的生活特点，让古典与现代完美结合，传统与时尚并存。新中式风格主要包括两方面的基本内容：一是中国传统风格文化意义在当前时代背景下的演绎，二是对中国当代文化充分理解基础上的当代设计。新中式风格不是纯粹的传统元素堆砌，而是通过对传统文化的认识，将现代元素和传统元素结合在一起，以现代人的审美需求来打造富有传统韵味的事物，让传统艺术在当今社会得到合适的体现。作为现代风格与中式风格的结合，新中式风格更符合当代年轻人的审美观点，越来越受到80后、90后的青睐。

新中式风格空间装饰多采用简洁硬朗的直线条。直线装饰在空间中的使用，不仅反映出现代人追求简单生活的居住要求，更迎合了中式家具追求内敛、质朴的设计风格，使“新中式”更加实用、更富现代感。其家具可为古典家具，或现代家具与古典家具相结合。中国古典家具以明清家具为代表，在新中式风格家具配饰上多以线条简练的明式家具为主。饰品常为瓷器、陶艺、中式窗花、字画、布艺、皮具以及具有一定含义的中式古典物品等。

新中式风格的家具多以深色为主，色彩方面秉承了传统古典风格的典雅和华贵，同时加入许多现代元素。其搭配特点：一是以苏州园林和京城民宅的黑、白、灰色为基调，二是在黑、白、灰基础上以皇家住宅的红、黄、蓝、绿等作为局部色彩，三是适宜采用浓厚、成熟的色彩搭配。

图 4-2 新中式风格书房

1. 民以食为天。此新中式餐厅墙面以灰白色雅晶石艺术涂料或清水混凝土为主，配以中国传统的字画；搭配中式桌椅、朴素的灯具；墙角的兰花与桌上的绿植遥相呼应，给人一种宁静致远之感。一家人围坐在餐桌上品尝美食，唇齿留香间，日子便可以慢慢地舒缓下来……

2. 好物与君享，餐厅是亲朋好友欢聚的地方。此新中式餐厅墙面做深灰色麻面珠光布艺艺术涂料，配以古典的圆桌门窗；简约的吊顶配以白色除甲醛环保水漆或浅色三色珠光艺术涂料。既把东方美学观念融入了设计之中，又恰到好处地体现了整体年轻感；既具韵味又兼具时尚。

图 4-3 ～ 4-4 新中式风格餐厅

3. 有朋自远方来，不亦乐乎。客厅是主人身份与地位的象征，是聚集欢声笑语，招朋待客，与家人乐意融融的地方。该新中式客厅遵循中式的对称美感，宽敞明亮尽显主人胸襟。墙面采用素雅色调的天鹅绒或雅晶艺术石或米洞石，顶部采用金黄色大漠艺术砂涂料彰显尊贵。电视背景墙采用深色灰泥艺术涂料做出逼真的大理石效果，气度不凡。白蓝色之间又点缀了金黄色，让整个风格都变得尊贵起来，浓烈又清新、自然又浪漫。

4. 装饰你的美梦，给你温柔之乡。主卧室是睡眠、休息的地方，一般宜采用中性或暖色等舒适、沉稳的色调，来营造一种安静和谐的气氛，也可以局部点缀个性化色彩，不仅可以达到视觉平衡的作用，还能带来平稳的心情，让居住人更好地休息。此新中式主卧室墙面以金玉般天鹅绒艺术涂料为墙面主要材料，融构出舒适的空间氛围；简洁的吊顶，搭配淡雅、温馨的暖色金属艺术涂料，加之温馨和暖的黄色灯光，使主卧室具有浪漫舒适的温情。

图 4-5 新中式风格客厅

图 4-6 新中式风格主卧

5. 儿童房是孩子的卧室、起居室和游戏空间。其可采用清新明亮的天蓝色儿童专用环保水漆，或细布纹艺术涂料配印花漆印上卡通图案；顶部可搭配浅白色变色珠光艺术涂料，用除甲醛环保水漆罩面，使儿童房色彩丰富，活泼亮丽又环保健康。

4-7

6. 室雅何须大，花香不在多。书房之美，在于对文化韵味的无限释放，它可以不华丽，却一定栖息着心灵的本真与精神的品格。“安得闲门常对月，更思筑室为藏书。”此新中式书房，结合了时代与文化的灵魂，营造出一个书香沁心、笔墨遣兴的闲适空间。背景墙采用灰褐色系，可选择稻草、米洞石、雅晶石、布纹、天鹅绒等艺术涂料，配以字画、匾幅、挂屏、盆景、瓷器、古玩、屏风、书架及文房四宝等。在此雅室，可让自己感受沉静悠然，沉淀浮躁心灵。闲时琴棋书画，静时诗词歌赋，在宁静中品味生活的酸甜苦辣。

4-8

图 4–7 新中式风格儿童房

图 4–8 新中式风格书房

二、美式风格艺术涂料的选择

美国是一个移民国家，其中有着来自世界各地的后裔。由于不同的人群对生活的要求不同，因此也为美国带来了各式各样的建筑风格元素，这些元素与美国的本土文化互相融合，并且随着经济实力的进一步增强，美式风格便应运而生。因此，从某种意义上来说，美式风格其实是一种混搭风格，它在不同的时期容纳了不同的建筑风格元素，最终形成了具有古典情怀、外观简洁大方、自在无约束的特点。

美式风格代表了一种自在、随意不羁的生活方式，没有太多造作的修饰与约束，不经意中成就一种休闲式的浪漫。而这些元素也正好体现了一种对生活方式的需求，用美式风格装修的建筑物更显文化感、高贵感、自在感和情调。美式风格又分以下几类：

1. 美式现代风格

居室色彩主调为米白色等浅色系，局部色彩延续厚重色调，装饰品色彩丰富。墙面可做细布纹、雅晶石、大漠艺术沙、闪光艺术石、天鹅绒等多种艺术涂料，顶部可用除甲醛环保水漆或变色珠光艺术涂料点缀。家具为古典弯腿式，家具、门、窗漆成白色。各种花饰、丰富的木线变化、富丽的窗帘帷幄是美式传统室内装饰的固定模式，空间环境多表现出华美、富丽、浪漫的气氛。

图 4-9 贝壳片艺术涂料应用于美式现代风格的客厅

（1）美式现代客厅。在硬装上免去了华而不实的装饰，而是从简约出发，在保留美式韵味的同时又传达出现代的时尚感。此美式现代客厅用浅灰色作为客厅的主色调，可采用浅灰色系清水混凝土、灰泥、细布纹、天鹅绒等艺术涂料，吊顶搭配浅色系三色珠光艺术涂料，放大空间的同时给予整个空间清新明亮的基调。

4-10

（2）餐厅是吃饭聚餐之地。此美式现代餐厅以浅白色作为墙面主调色，可采用银色天鹅绒、白色闪光艺术石、浅白色灰泥等艺术涂料，顶部用白色银箔，再选用深色木质餐桌椅，让空间多了一份沉稳的感觉。金色吊灯与立体感十足的墙饰，提升空间质感与精致度。在这样的环境下，享受美食，与家人愉快地用餐，心情舒畅。

4-11

（3）美式现代卧室在布置时会考虑空间的私密性，以功能性和实用性为主来设计卧室的布局。卧室的环境以舒适性为主，一般使用天然柔软的布艺用品来装饰卧室。美式现代卧室中的床上用品非常精美，手工制品和绗缝被子是美式现代卧室的代表元素。这种低调的手工艺品非常实用舒适，又能表现出一种民族的文化修养。此美式现代卧室墙面主色系采用浅粉色，亦可用浅米黄色，可采用天鹅绒、土耳其洞石、莉斯特等艺术涂料，罩以除甲醛环保水漆，给人以温馨、浪漫而又舒适之感。

4-12

图 4-10 美式现代风格客厅

图 4-11 美式现代风格餐厅

图 4-12 美式现代风格卧室

图 4-13 梦幻彩装艺术涂料应用于美式田园风格的餐厅

2. 美式田园风格

美式田园风格是田园风格的典型代表。它的设计具有自然朴实又不失优雅的特点，深受大家喜爱。其在色彩上大部分都是以原木自然色调为主。而白色、红色、绿色以及褐色，是在美式田园风格的装修中常用到的颜色，可采用天鹅绒、雅晶艺术石、稻草等艺术涂料及除甲醛环保水漆调出以上色系。这样装修出来的建筑物容易给人一种置身于田园之中的感觉，可以让人的身心不自觉地放松下来，整个居室的氛围也会给人一种温馨的感觉。

（1）美式田园客厅。客厅作为待客区域，一般要求简洁明快，同时较其他空间要更明快光鲜。墙面可采用仿砖艺术涂料装饰，或采用灰泥艺术涂料分隔仿大理石，侧面墙可搭配稻草或土耳其洞石艺术涂料。美国人喜欢有历史感的东西，这不仅反映在软装摆件上对仿古艺术品的喜爱，同时也反映在装修上对各种仿古墙地砖、石材的偏爱和对各种仿旧工艺的追求。

4-14

（2）美式田园餐厅。此美式田园餐厅以金黄色为主色系，象征着丰收、喜悦；多用略有复古味道、纯实木的深色家具进行搭配。墙面可采用金色大漠艺术砂、稻草、土耳其洞石、闪光艺术砂等艺术涂料。

4-15

（3）美式田园厨房。厨房在美国人眼中一般是开敞的（由于其饮食烹饪习惯），同时需要有一个便餐台在厨房的一隅，需要配有功能强大又简单耐用的厨具设备，如水槽下的残渣粉碎机、烤箱等，还需要有容纳双开门冰箱的宽敞位置和足够的操作台面。其在装饰上也有很多讲究，如墙砖采用仿古面、橱具门板采用实木门扇或是白色模压门扇仿木纹色、厨房的窗配置窗帘等。此美式田园厨房墙面可采用白色或浅白色除甲醛涂料及天鹅绒、闪光艺术石等艺术涂料；顶部亦可采用梦幻彩妆或三色珠光艺术涂料。

4-16

图 4-14 美式田园客厅

图 4-15 美式田园餐厅

图 4-16 美式田园厨房

（4）美式田园卧室。此美式田园卧室为次卧室，相对主卧设计，其装扮稍显轻盈活泼。与主卧的明显区别是在色彩搭配上。它以白色为主，墙面用田园绿粉饰，顶部采用银箔或三色珠光艺术涂料，墙面采用绿色天鹅绒、布纹等艺术涂料。搭配适当绿植作为点缀，整体色彩轻盈欢快。小碎花系列成套床品用温馨柔软的成套布艺来装点，在此休憩，如沐春风。

（5）美式田园书房。此美式田园书房简单实用，但软装颇为丰富，各种象征主人过去生活经历的陈设一应俱全：乡村风景的油画、鹅毛笔……即使是装饰品，这些东西也足以为书房的美式风格加分。采用蓝色搭配白色，如蓝色系除甲醛环保水漆及灰泥、闪光艺术砂等艺术涂料，白色系雅晶艺术石、米洞石等艺术涂料，或浅黄色稻草漆、布纹等艺术涂料，给人温馨安静的感觉，宛如身处田园中。美式田园书房提供了一种充满温馨的环境，能够让人更加投入到工作和学习中，这种美的享受让越来越多的人为之倾心。

图 4-17 美式田园卧室

图 4-18 美式田园书房

图 4-19 洞影石艺术涂料应用于美式乡村风格的客厅

3. 美式乡村风格

美式乡村风格更加重视的是生活的自然舒适性，能够充分显现出乡村的朴实风味。所以美式乡村风格的色彩，一般都是以自然色调为主的，如绿色、土褐色等都是比较常见的，还可采用大地色或比邻色为主的配色。可搭配带有仿旧效果、式样厚重、质朴的家具，及摇椅、铁艺、绿植装饰。墙面可采用土黄色稻草、米洞石、雅晶石等艺术涂料进行装饰。

美式田园风格与美式乡村风格的区别：美式田园风格强调自然主义，体现美国自由开放的精神；美式乡村风格强调回归自然。美式田园风格一般以淡雅的板岩色和暖色为主，以随意涂鸦的花卉图案为主流特色，线条随意但注重干净干练，反映出一种简练流畅的感觉，用色突出格调清婉惬意，外观雅致休闲，比较适合现代人。美式乡村风格运用较多的是具有乡村气息的色彩和大地的色彩，比如有黄色、白色等。这些颜色不仅有浓烈的历史感，还能反映出丰收的喜悦，展现出了一种纯朴的生活态度。

三、现代简约风格艺术涂料的选择

简约主义源于 20 世纪初期的西方现代主义。西方现代主义源于包豪斯学派，包豪斯学院 1919 年始创于德国魏玛，创始人是格罗皮乌斯。包豪斯学派提倡功能第一的原则，提出适合流水线生产的家具造型，在建筑装饰上提倡简约。简约风格的特色是将设计的元素、色彩、照明、原材料简化到最少的程度，但对色彩、材料的质感要求很高。因此，简约的空间设计通常非常含蓄，往往能达到以少胜多、以简胜繁的效果。

现代简约风格是以简约为主的装修风格，其主要以规则的几何形体为元素；线条多采用直线表现现代功能；颜色多用黑、白、灰等中间色为基调色，通过色块来表现内涵，如用橙色等暖色调表现家居的温暖，用红、黄、蓝、绿色等相对跳跃艳丽的色彩提升感观刺激等；材质大量使用铁制构件，将玻璃、瓷砖等新工艺，以及铁艺制品、陶艺制品等综合运用于室内；家具和日用品多采用直线型，玻璃、金属也多被运用其上。

图 4-20 灰泥土现代简约风格客厅中的应用

（1）客厅。简约不是简单，它是设计者深思熟虑后经过创新得出设计和思路的延展。墙面采用深褐色直条布纹或土耳其洞石、洞影石等艺术涂料，窗户旁用浅白色灰泥艺术涂料；整个线条简洁流畅，搭配白亮光系列家具，给人舒适与美观并存的享受。在配饰上，延续了黑、白、灰的主色调，以简洁的造型、完美的细节，营造出时尚前卫的感觉。

4-21

（2）餐厅在家居空间中变得越来越重要，能有一间温馨舒适的餐厅，会使用餐变得更加美好。此现代简约餐厅墙面用紫蓝色系，可采用天鹅绒、闪光艺术砂、莉斯特等艺术涂料，顶部可采用黄色线梦幻彩妆、雪花绒、骨浆浮雕等艺术涂料。整体看似用色简单，却通过家具、简单的几何线条造型和配饰来为空间点缀，愈显得体。餐桌上摆着优雅高档的餐具与装饰花瓶，独特的气质令人胃口大开。

4-22

图 4-21 现代简约客厅

图 4-22 现代简约餐厅

（3）精致生活需要一个书房，此现代简约书房以灰褐色调为主调，可采用灰泥、清水混凝土、马来、布纹、土耳其洞石等艺术涂料。在此书房阅读，如细雨润万物般，能抚平躁动的心田，能让你沉静放松，让思想与创造力集中。

（4）这是一款以黑、白、灰为主色调的卧室，这种风格很注重搭配，显得高端大气上档次。背景墙可采用清水混凝土、灰泥、天鹅绒等艺术涂料，亦可局部采用金色或艳色的大漠艺术沙涂料做点缀。

图 4-23 现代简约书房

图 4-24 现代简约卧室

四、田园风格艺术涂料的选择

图 4-25 麻面珠光布艺艺术涂料（大背景）与雅晶石艺术涂料（电视背景墙）应用于英式田园风格的客厅

田园风格朴实、亲切，贴近自然。其多是借助于西欧设计手法的大气，搭配浪漫高贵的表现手法来体现。自田园风格传入国内后，其受到广大年轻业主的喜爱，这也体现出了他们对于生活的一种追求。在颜色搭配上，其灵感来源大多为自然界中的色彩，如泥土、树木、鲜花、绿植等。田园风格的种类较多，比较流行的风格有英式田园风格和韩式田园风格。

1. 英式田园风格

英式田园风格以白色为基调，再加入大量的木色，形成典型的英式田园色彩。原木色在英式田园风格居室中的曝光率很高，常用于软装家具和吊顶横梁之中。英式田园风格居室中常摆设大量绿植，另采用少量浊调的灰蓝色、棕红色进行点缀。

（1）此案例采用比邻色点缀色彩搭配。白色作为背景的主色，配以冰蓝色浮雕艺术涂料和灰色麻面珠光布艺艺术涂料。

（2）此案例采用白色 + 绿色 + 原木色的英式田园装修风格。吊顶采用白色除甲醛水漆，墙面采用鹅绿色及蓝色天鹅绒艺术涂料，蓝色布艺艺术涂料搭配沙发，加之地板的原木色，凸显出了英式田园风格的质朴感。

（3）此英式田园客厅采用土黄色闪光艺术石、莉斯特等艺术涂料。电视背景墙可采用肌理艺术涂料拉直条纹。白色的家具与浅白色变色珠光艺术涂料吊顶相呼应，配之土黄色地毯及绿植，整体自然、美观。

图 4-26 英式田园风格客厅

图 4-27 英式田园风格书房

图 4-28 英式田园风格客厅

2. 韩式田园风格

韩式田园风格的色彩则着重体现浪漫的情调。因此，女性色彩出现频率较高，最受欢迎的为粉色，纯度较高的黄色、绿色、蓝色也会经常出现。另外，韩式田园风格基本上都用白色作为空间中大面积配色。红色系一般作为碎花图案的色彩，很少大面积使用。蓝色系一般为淡色调，不会用到暗色调。

（1）此韩式田园餐厅采用白色 + 粉色 + 绿色搭配。在白色与粉色中加入有生机感的绿色，也是韩式田园家居中常见的配色方式。其中，粉色和绿色可以通过明度变化来丰富空间的层次感。粉色也可以延伸到桃红色、玫红色这些色相。此墙面可采用除甲醛环保水漆及天鹅绒、细布纹等艺术涂料。

此案例可以看出，韩式田园原木色的运用与英式田原原木色的运用不同：韩式田园原木色一般只出现在地面色彩之中，而英式田原原木色则可出现在背景色、主色中。

4-29

（2）此韩式田园卧室采用浊色调的粉色 + 蓝色搭配。粉色、蓝色是女性典型的色彩，而带有浊色的色彩，更凸显出女性的优雅与精致。墙面可采用浊色调粉色天鹅绒艺术涂料，其珍珠般的光泽、丝绒柔滑的质感，更能体现女性的妩媚。

4-30

图 4-29 韩式田园风格餐厅

图 4-30 韩式田园风格卧室

五、地中海风格艺术涂料的选择

图 4-31 天鹅绒艺术涂料应用于地中海风格

地中海风格的美，包括西班牙蔚蓝海岸与白色沙滩，希腊白色村庄在碧海蓝天下闪闪发光，意大利南部向日葵花田在阳光下闪烁的金黄色，法国南部薰衣草飘来的蓝紫色香气，北非特有沙漠及岩石等自然景观的红褐、土黄色的浓郁色彩组合。地中海风格的特点是明亮、大胆、色彩丰富、简单、民族性。同其他的风格流派一样，地中海风格有它独特的美学特点。在选色上，它一般选择直逼自然的柔和色彩；在组合设计上，它注意空间搭配，充分利用每一寸空间，流露出古老的文明气息。

对于地中海风格来说，白色和蓝色是两个主打色，最好再加上造型别致的拱廊和细细小小的石砾。在打造地中海风格的家居时，配色是一个主要的方面，要给人一种阳光而自然的感觉。其主色调为白色、蓝色、黄色、绿色、土黄色和红褐色，这些都是来自大自然最纯朴的色彩。另外，地中海风格善用海洋和绿植元素来丰富空间布局，如帆船、船锚等工艺品，或是小型的绿植等，这些都使主题更加突出。需要注意的是，如果将这些元素用在墙壁艺术涂料或布艺中，颜色宜清新一些。

1. 白色 + 蓝色：配色灵感来自希腊的白色沙滩和蓝色大海的组合，是最具有代表性的地中海风格配色，效果清新、舒适。

此案例采用白色莉斯特艺术涂料搭配蓝色天鹅绒艺术涂料做主色。在蓝色天鹅绒艺术涂料上用水晶印花漆印上白色小碎花代表大海中的点点帆船；用深色桌椅稳定配色，清新而又稳重。

4-32

2. 大地色：属于典型的北非地域配色，灵感来自北非特有的砂石。大地色系包含土黄色系及红棕色系。在具体设计时，红棕色可以运用到顶面、家具及部分墙面，为了避免过于厚重，可以搭配浅米色。

此案例墙面可采用金黄色莉斯特艺术涂料或大漠艺术砂涂料，为提高空间的高度，顶部采用浅白色骨浆浮雕艺术涂料搭配，让人犹如置身广阔的沙漠。

4-33

图 4-32 ～ 4-33 地中海风格客厅

3. 大地色 + 蓝色：灵感来自北非无边的沙漠及蓝蓝的天空，亲切而清新。为了增加空间层次感，实际运用时可用不同明度的蓝色进行调剂。

此案例可采用浅黄色细布纹艺术涂料或米洞石做主色，配以淡蓝色家具，亲切中又带有清新感。若追求清新中带有稳重感，可将蓝色作为主色。

图 4-34 ～ 4-35 地中海风格客厅

4. 大地色 + 绿色：灵感来自土地与自然绿植的相互依存，可令家居环境在质朴之中不乏清新感。大地色最好为红棕色，绿色多作为点缀，基本不做背景色。

该案例在整体颜色上以土黄色与棕色为主体，以绿色为点缀，体现了地中海风情的异域特征。运用了大量的复古材质，加强地面的斑驳感。墙面可采用大漠艺术砂、稻草、米洞石、风影石等体现地中海粗犷感的艺术涂料，加强墙面的质感。顶面的地中海木梁与生态木的平面变化使其造型更加丰富。从墙面到地面以及顶面的设计，浑然一体，体现了地中海的地域文化与人文设计。

六、北欧风格艺术涂料的选择

图 4-36 雅晶石艺术涂料应用于北欧风格的客厅

北欧风格是指欧洲北部挪威、丹麦、瑞典、芬兰、冰岛等国的艺术设计风格。北欧风格起源于斯堪的那维亚地区的设计风格，因此也被称为斯堪的纳维亚风格。北欧风格以简洁著称于世，具有简约、自然、人性化的特点，并影响到后来的“极简主义”“简约主义”“后现代”等风格。在 20 世纪风起云涌的“工业设计”浪潮中，北欧风格的简洁被推到极致。

北欧风格的色彩非常朴素，由于该风格的墙面一般少有造型，色彩大多柔和、素雅。其偏向浅色系列，比如白色、米色、浅木色，经常以白色为主调，利用鲜艳的纯色为点缀，或是以黑白两色为主调，不添加其他任何颜色，给人以干净利落的视觉效果，能展现出一种清新的原始之美。除此以外，白、黑、棕、灰与淡蓝色等都是北欧风格装饰中常运用到的颜色。木材是室内装修的精髓。质量高的枫木、橡木、云杉、松木以及白桦是生产各类家具的主要材料，其本身所拥有的温和色彩、细腻质感以及天然纹路十分自然地融入到家具设计之中，呈现出一种质朴、清新的原始之美，代表着独有的北欧风格。

1. 此案例简约实用，分吊顶、墙面、地板三个面，完全不用纹样与图案装饰，只采用线条、色块来划分点缀。墙面用浅白细布纹艺术涂料，顶部采用白色除甲醛环保水漆，搭配原木色的电视柜，用灰色沙发作为调剂，更加贴近自然。

2. 此案例采用白色雪花绒艺术涂料及淡蓝色天鹅绒艺术涂料，并加入灰色原木家具及绿植，使居室充满了生机感。灰褐色的地板砖，既有泥土的气息，又增加了稳重成分。

图 4-37 北欧风格客厅

图 4-38 北欧风格餐厅

3. 此案例的卧室空间，搭配摆放的是北欧风格原木色实木家具。为了与家具相互搭配，墙壁可采用灰咖啡色闪光艺术砂、莉斯特艺术涂料或天鹅绒艺术涂料。将艺术感极强的抽象黑白色壁画进行组合搭配装饰墙壁，再加上灯饰的点缀，让主卧充满个性，更显雅致。

4-39

4. 此案例的卧室背景墙采用灰绿色布纹艺术涂料，并采用亮黄色的软装进行卧室的点缀布置，营造出一种温馨、阳光的氛围飘窗安装了黄色的窗帘，与床上几何形图案的床品进行搭配，使卧室充满了文艺氛围。

4-40

图 4-39 ～ 4-40 北欧风格卧室

七、工业风格艺术涂料的选择

图 4-41 清水混凝土艺术涂料应用于工业风格

工业风格源于美国。工业风格诞生在商业市场内，裸仓库和类似结构成为新的商店、办公室、餐厅，甚至是公寓的特色。工业风格强调精简的基础设施，然后在此基础上优化布局。

工业风格家装主要采用黑、白、灰色系，也有采用红色系等装饰色彩。黑色给人的感觉是神秘冷酷的，白色给人的感觉是优雅静谧的，白色和黑色混合搭配在层次上会出现更多的变化。如果整体家装设计都是采用黑色与白色的搭配，那么再点缀以有个性的家具，就可以把有颜敢任性的工业风格完美地体现出来。

工业风格的墙面多保留原有建筑的部分容貌，比如墙面不加任何装饰把墙砖裸露出来，或者采用砖块设计或者油漆装饰，抑或者可以用水泥墙来代替；室内的窗户或者横梁都做成铁锈斑驳的效果，显得非常破旧；在天花板上基本不会有吊顶的设计。

在工业风格的建筑物内通常会看到裸露的金属管道或者下水道等，把裸露在外的水电线和管道线通过颜色和位置上的合理安排，组成工业风格家装的视觉元素之一。

在工业风格的设计中，颜色搭配是不可忽视的。工业风格给人一种冷峻、硬朗、个性的感觉，所以在颜色搭配上，尽量不要使用蓝色、紫色、绿色等过于强烈的纯色，可以使用原木色等，这样更能凸显出工业风格的魅力。

1. 此案例颜色搭配为：墙面采用浅灰色的清水混凝土艺术涂料，给人以粗犷、原始的感觉；地面采用水泥密封固化剂固化磨平，配上原生态的做旧木地板；加之具有厚重感的棕红色沙发，既调剂了空间的冷峻感，又使整个空间极具稳定感。

2. 此案例颜色搭配为：顶部空间采用白色浮雕艺术涂料，可减少室内的压抑感；裸露的红砖墙及红色地毯，可增加空间的活跃氛围；黑色的家具、灯管增添了空间的硬朗气质。整个色彩搭配既具有工业风格的原始美，又不显得过于压抑。

图 4-42 工业风格会客厅

图 4-43 工业风格客厅

3. 此案例颜色搭配为：顶部喷盖采用黑色浮雕艺术涂料，喷盖具有很好的吸音效果，可以有效减少回音；墙面可采用浅咖色麻面珠光布艺艺术涂料或粗犷的洞影石艺术涂料；地面做成浅白灰地坪；原木色的浅色系办公桌椅配以绿植。这种搭配跟传统工业风格相比更显柔和和更具朝气，更大地释放出员工的工作热情。

4. 此案例颜色搭配为：墙面采用深灰色清水混凝土艺术涂料；吊顶的黑色除味负离子环保水漆与黑色沙发及金属镜框相呼应；白色的座椅，搭配一点点绿植，整体朴素自然。

图 4-44 工业风格办公区

图 4-45 工业风格运动区

八、轻奢风格艺术涂料的选择

图 4–46 天鹅绒、灰泥艺术涂料应用于轻奢风格的客厅

轻奢风格强调简洁，但也并不像一般的简约风格那样随意。其看似简洁朴素的外表之下常常折射出一种隐藏的贵族气质，看似简单，其实内涵丰富。它是一种精致而优雅的生活态度，彰显了享受高品质的生活理念。

在材质上，其主要以丝绒、羽毛、皮革、金属、玻璃等为主，给人奢华的感觉。在色彩上，色彩鲜明，常用高级黑或高级灰作为表现，特别是和白对比，给空间大气且利落的感觉；也常用带有高级感的中性色，如驼色、象牙白色、奶咖色、炭灰色、黑色等，令空间质感饱满，演绎低调的奢华。在造型上，带有古典的文化元素。结合了几何框架和方正矩形的造型，使整个设计变得刚中带柔，恰到好处。在纹理上，可采用纹理自然的大理石元素，与高光泽度的金属产生碰撞；也可采用温润质朴的木质元素，与镜面、黑钢等材质相得益彰；大理石与黄铜元素的搭配，也堪称画龙点睛之笔。

1. 此案例颜色搭配为：电视背景墙采用白色石纹彩或灰泥艺术涂料，配以浅灰色大理石条纹，其他墙面采用奶白色莉斯特艺术涂料，顶部采用除甲醛环保水漆；黑色桌椅配上浅灰色布垫及地毯，门框处搭配冰蓝色大漠艺术砂或天鹅绒艺术涂料，整体简洁大气。

2. 此案例颜色搭配为：背景墙采用青灰色天鹅绒艺术涂料，其他墙面采用象牙白色莉斯特艺术涂料，顶部采用白色、淡金色三色珠光搭配，整体雅而不俗。

图 4-47 轻奢风客厅

图 4-48 轻奢风卧室

第三节　艺术涂料中色彩的应用

通过上节的介绍，我们可以了解到，在不同装修风格中，除了选择正确的艺术涂料外，色彩搭配也是其中最重要的一个环节。它是家居装修装饰中的“灵魂”，室内装修的整体效果好不好，看色彩搭配便一目了然：

第一，合理的色彩搭配可以改善居住环境的舒适性。随着经济的不断发展，人们的工作压力越来越大，通过合理的配色，可以创造一个轻松舒适的家居环境，提高家居环境的舒适度。

第二，合理的色彩搭配可以优化室内设计。首先，室内环境的配色可以在视觉上扩大空间的范围，给人一种宽敞明亮的感觉。其次，在室内设计中加入色彩元素后，可以适当减少装饰品的使用，为人们的日常生活释放出更多的自由空间。最后，协调的色彩可以使室内的其他装饰与家居能够合理搭配，形成统一和谐的氛围。

下面我们就简单认识一下色彩。

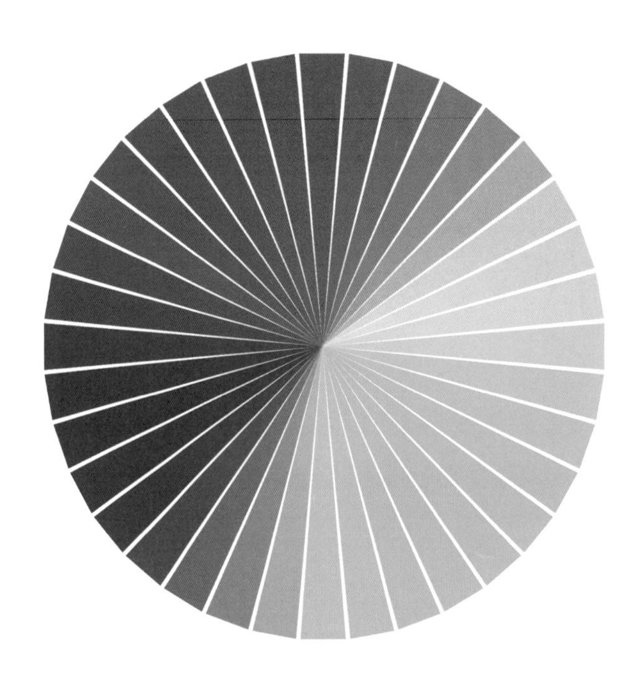

图 4–49 色环

一、色彩的产生

色彩是能引起我们共同的审美愉悦的、最为敏感的形式要素。色彩是通过眼睛、大脑和我们的生活经验所产生的一种对光的视觉效应。一个物体的光谱决定这个物体的光学特性，包括它的颜色。不同的光谱可以被人接收为同一种颜色。虽然我们可以将一种颜色定义为所有这些光谱的总和，但是不同的动物所看到的颜色是不同的，不同的人所感受到的颜色也是不同的，因此这个定义是相当主观的。

色彩是以色光为主体的客观存在，对于人则是一种视像感觉，产生这种感觉基于三种因素：一是光，二是物体对光的反射，三是人的视觉器官——眼。即不同波长的可见光投射到物体上，有一部分波长的光被吸收，一部分波长的光被反射出来刺激人的眼睛，经过视神经传递到大脑，形成对物体的色彩信息，即人的色彩感觉。

光、眼、物三者之间的关系，构成了色彩研究和色彩学的基本内容，同时也是色彩实践的理论基础与依据。物体色的呈现与照射物体的光源色、物体的物理特性有关。同一物体在不同的光源下将呈现不同的色彩：在白光照射下的白纸呈白色，在红光照射下的白纸呈红色。因此，光源色光谱成分的变化，必然对物体色产生影响。电灯光下的物体带黄色，日光灯下的物体偏青色，晨曦与夕阳下的景物呈橘红、橘黄色，白天阳光下的景物带浅黄色等。光源色的光亮强度也会对照射物体产生影响，强光下的物体色会变淡，弱光下的物本色会变得模糊晦暗，只有在中等光线强度下的物体色最清晰可见。

光线照射到物体上以后，会产生吸收、反射、透射等现象。而且，各种物体都具有选择性地吸收、反射、透射色光的特性。以物体对光的作用而言，大体可分为不透光和透光两类，通常称为不透明物体和透明物体。对于不透明物体，它们的颜色取决于对波长不同的各种色光的反射和吸收情况。如果一个物体几乎能反射阳光中的所有色光，那么该物体就呈白色。反之，如果一个物体几乎能吸收阳光中的所有色光，那么该物体就呈黑色。可见，不透明物体的颜色是由它所反射的色光决定的，实质上是指物体反射某些色光并吸收某些色光的特性。透明物体的颜色是由它所透过的色光决定的。红色的玻璃所以呈红色，是因为它只透过红光，吸收其他色光的缘故。照相机镜头上用的滤色镜，不是指将镜头所呈颜色的光滤去，实际上是让这种颜色的光通过，而把其他颜色的光滤去。由于每一种物体对各种波长的光都具有选择性地吸收、反射、透射的特殊功能，所以它们在相同条件下（如光源、距离、环境等因素），就具有相对不变的色彩差别。人们习惯把白光下物体呈现的色彩效果，称之为物体的固有色。如白光下的红花绿叶绝不会在红光下仍然呈现红花绿叶，红花可显得更红些，而绿光并不具备反射红光的特性，相反它吸收红光，因此绿叶在红光下就呈现黑色了。此时，感觉为黑色叶子的黑色仍可认为是绿叶在红光下的物体色，而绿叶之所以为绿叶，是因为常态光源（阳光）下呈绿色，绿色就约定俗成地被认为是绿叶的固有色。严格地说，所谓的固有色应是指物体固有的物理属性在常态光源下产生的色彩。

光的作用与物体的特征，是构成物体色的两个不可缺少的条件，它们互相依存又互相制约。只强调物体的固有特性而否定光源色的作用，物体色就变成无水之源；只强调光源色的作用不承认物体的固有特性，也就否定了物体色的存在。同时，在使用“固有色”一词时，需要特别提醒的是切勿误解为某物体的颜色是固定不变的，这种偏见是在研究光色关系和作色彩写生时必须改变的“固有色观念”。

二、色彩的种类

1. 原色：色彩中不能再分解的基本色称为原色。原色能合成出其他色，而其他色不能还原出本来的颜色。原色只有三种，色光三原色为红、绿、蓝，颜料三原色为品红（明亮的玫红）、黄、青（湖蓝）。色光三原色可以合成出所有色彩，同时相加得白色光。颜料三原色从理论上来讲可以调配出其他任何色彩，同时相加得黑色。因为常用的颜料中除了色素外还含有其他化学成分，所以两种以上的颜料相调和，纯度就受影响，调和的色种越多就越不纯，也越不鲜明。颜料三原色相加只能得到一种黑浊色，而不是纯黑色。

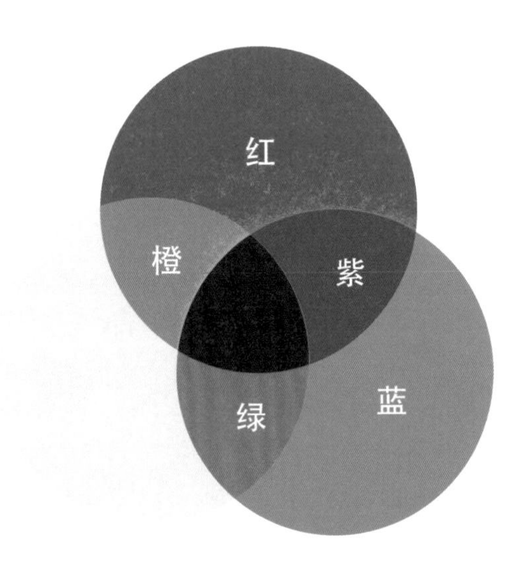

图 4–50 颜料三原色

2. 间色：由两个原色混合得间色。间色也只有三种：色光三间色为品红、黄、青（湖蓝），有些书上称为“补色”，是指色环上的互补关系。颜料三间色为橙、绿、紫，也称第二次色。必须指出的是，色光三间色恰好是颜料三原色。这种交错关系构成了色光、颜料与色彩视觉的复杂联系，也构成了色彩原理与规律的丰富内容。

3. 复色：颜料的两个间色或一种原色和其对应的间色（红与绿、黄与紫、蓝与橙）相混合得复色，亦称第三次色。复色中包含了所有的原色成分，只是各原色间的比例不等，从而形成了不同的红灰、黄灰、绿灰等灰调色。

由于色光三原色相加得白色光，这样便产生两个结果：一是色光中没有复色，二是色光中没有灰调色，如两色光间色相加，只会产生一种淡的原色光。以黄色光加青色光为例：黄色光 + 青色光 = 红色光 + 绿色光 + 黄色光 + 蓝色光 = 绿色光 + 白色光 = 亮绿色光。

三、色系

丰富多样的颜色可以分成无彩色系和有彩色系两个大类。

1. 无彩色系

无彩色系是指白色、黑色和由白色、黑色调和形成的各种深浅不同的灰色。无彩色按照一定的变化规律，可以排成一个系列，由白色渐变到浅灰、中灰、深灰到黑色，色度学上称此为黑白系列。黑白系列中由白到黑的变化，可以用一条垂直轴表示，一端为白，一端为黑，中间有各种过渡的灰色。纯白是理想的完全反射的物体，纯黑是理想的完全吸收的物体。可是在现实生活中并不存在纯白与纯黑的物体，颜料中采用的锌白和铅白只能接近纯白，煤黑只能接近纯黑。无彩色系的颜色只有一种基本性质——明度。它们不具备色相和纯度的性质，也就是说它们的色相与纯度在理论上都等于零。色彩的明度可用黑白度来表示，愈接近白色，明度愈高；愈接近黑色，明度愈低。黑与白作为颜料，可以调节物体色的反射率，使物体色提高明度或降低明度。

图 4-51 无色彩系颜色应用于建筑物

2. 有彩色系

有彩色系是指包括在可见光谱中的全部色彩，它以红、橙、黄、绿、蓝、紫等为基本色。基本色之间不同量的混合、基本色与无彩色之间不同量的混合所产生的千千万万种色彩都属于有彩色系。有彩色系是由光的波长和振幅决定的，波长决定色相，振幅决定色调。

有彩色系中的任何一种颜色都具有三大属性，即色相、明度和纯度，也就是说任何一种颜色只要具有以上三种属性都属于有彩色系。

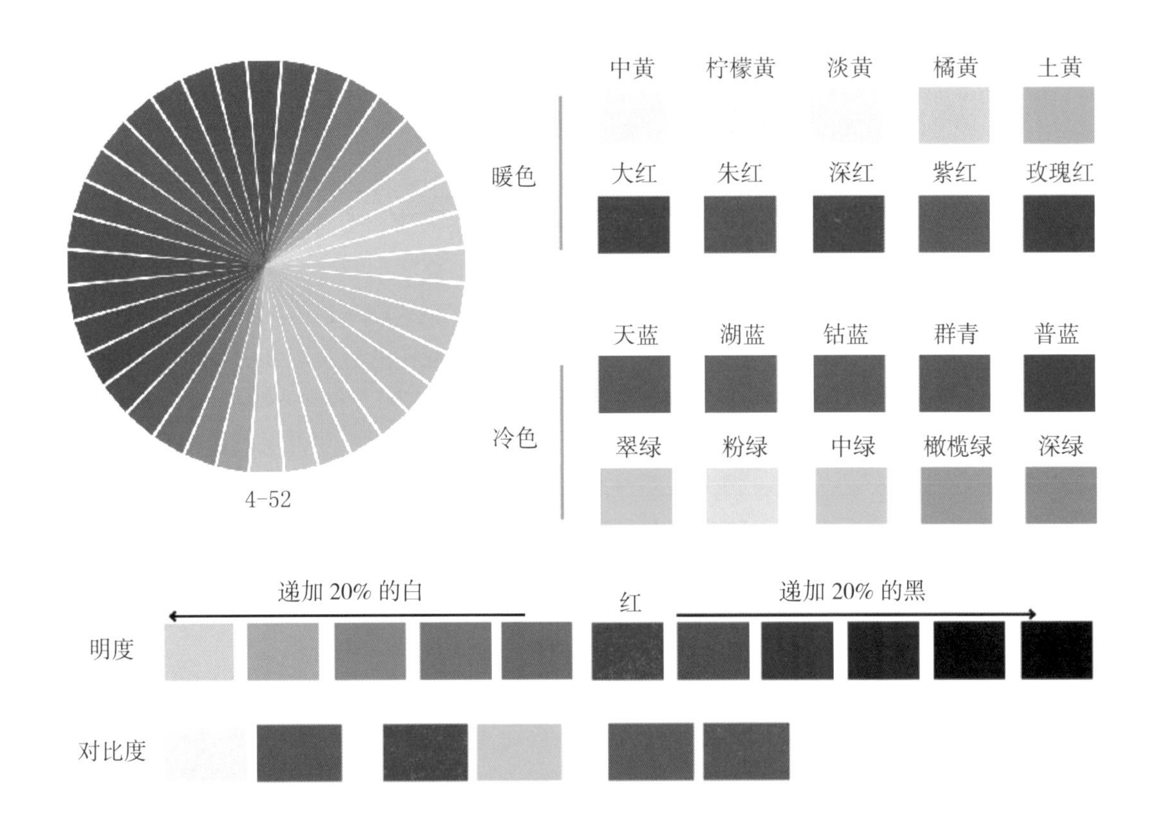

图 4-52 明度色相环

色相：色相即每种色彩的相貌、名称，如红、橘红、翠绿、湖蓝、群青等。色相是区分色彩的主要依据，是色彩的最大特征。色相的称谓，即色彩与颜料的命名有多种类型与方法。

除了黑、白、灰，所有的色彩都有色相，都是由原色、间色和复色构成的；即使是同一类颜色，也有几种色相，如黄色可分为中黄、土黄、柠檬黄等。

明度：明度即色彩的明暗差别，也即深浅差别。色彩的明度差别包括两个方面：一是指某一色相的深浅变化，如粉红、大红、深红，都是红，但一种比一种深。二是指不同色相间存在的明度差别，如六标准色中黄最浅，紫最深，橙和绿、红和蓝处于相近的明度之间。

纯度：纯度即各色彩中包含的单种标准色成分的多少。纯色的色感强，即色度强，所以纯度亦是色彩感觉强弱的标志。物体表层结构的细密与平滑有助于提高物体色的纯度，同样纯度的油墨印在不同的白纸上，光洁的纸印出的纯度高些，粗糙的纸印出的纯度低些。物体色纯度达到最高的包括丝绸、羊毛、尼龙塑料等。

不同色相所能达到的纯度是不同的，其中红色纯度最高，绿色纯度相对较低，其余色相居中，同时明度也不相同。

图 4-53 高明度涂料应用于卧室

四、不同的色彩所代表的不同意义

1. 红色：代表热情、活泼、欢乐、张扬，容易鼓舞士气，在中国是吉祥色。喜欢红色的人通常激情四溢，精力充沛。

适用空间：客厅、活动室或儿童房，可增加空间的活泼感。

注意：鲜艳的红色如果大面积使用，会使人产生暴躁的情绪，因此居家装修中可以搭配少许，以丰富色彩的层次感，但不适合用于主色调。

4-54

2. 黄色：灿烂、辉煌，有着太阳般的光辉，象征着照亮黑暗的智慧之光；有着金色的光芒，也象征着财富和权力，它是骄傲的色彩。在东方，黄色代表尊贵、优雅，是帝王御用颜色，是一种可以让人增强食欲的颜色；在西方，基督教却以黄色为耻辱象征。

注意：黄色的性格冷漠、高傲、敏感，给人扩张和不安宁的视觉印象。居室内大面积使用黄色，不但会使人产生心情郁闷、烦躁不安的情况，还会使人的脑神经系统出现诸多不切实际的幻想。另外，由于黄色是汉传寺庙使用最多的颜色，带有极强的宗教色彩，因此不适合大面积用于家庭装修。

4-55

图 4-54 红色在客厅中应用

图 4-55 黄色在客厅的应用

3. 橙色：代表时尚、青春、动感，具有明亮、轻快、活力四射的感觉。橙色融入了红色和黄色的特点，它比红色的刺激度有所降低，但比黄色热烈，是最温暖的色相。橙色属于暖色系，如果你在空间大面积使用橙色，会使人食欲大增。所以橙色一般用于客厅、餐厅，麦当劳、德克士都采用了橙色、黄色。橙色，有着生机勃勃、充满鲜活力的特质，会为家居环境带来愉快、兴奋的氛围。如果空间不大，避免大面积使用高纯度橙色，因为这容易使人兴奋，同时也要避免用作卧室的主色。

图 4–56 橙色在餐厅的应用

图 4–57 蓝色在卧室的应用

4. 蓝色：代表宁静、自由、清新，是永恒、忠诚的象征；同时也代表沉稳、安定与和平。深蓝色代表孤傲、忧郁、寡言，浅蓝色代表天真、纯洁。蓝色的朴实、内向性格，常为那些性格活跃、具有较强扩张力的色彩，提供一个深远、平静的空间，成为衬托活跃色彩友善而谦虚的朋友。蓝色还是一种在淡化后仍然能保持较强个性的色彩。如果在蓝色中分别加入少量的红、黄、黑、橙、白等色，均不会对蓝色的性格构成较明显的影响。

蓝色给人的感觉是清爽、淡雅，容易让人产生遐想，但在餐厅和厨房这种应该充满食欲的地方不适合，远远不如暖色打造的环境。可应用于客厅、卫浴间，增添或低调或神秘的感觉。

5. 绿色：代表清新、健康、希望，是生命的象征；同时也代表安全、平静、舒适。绿色是具有黄色和蓝色两种成分的色彩。在绿色中，将黄色的扩张感和蓝色的收缩感相中和，将黄色的温暖感和蓝色的寒冷感相抵消。这样使得绿色的性格最为平和、安稳，成为一种柔顺、恬静、满足、优美的色彩。

配色技巧：在绿色中黄的成分较多时，其性格就趋于活泼、友善，具有幼稚性；在绿色中加入少量的黑，其性格就趋于庄重、老练、成熟；在绿色中加入少量的白，其性格就趋于洁净、清爽、鲜嫩。绿色虽然没有什么使用禁忌，但一般不会大面积使用。

图 4-58 绿色在会客室的应用

6. 紫色：有点可爱，代表神秘、高贵、优雅，也代表着非凡的地位。一般人喜欢淡紫色，给人愉快之感；一般人都不喜欢青紫色，因为它不易产生美感。紫色有高贵、高雅的寓意，神秘感十足，是西方帝王的服色。

紫色的明度在有彩色的色料中是最低的。紫色的低明度给人一种沉闷、神秘的感觉，因此不适合用于体现欢快气氛的居室，如儿童房；男性空间也避免使用紫色。紫色属于红色色系，尽管许多女孩子喜欢薰衣草的梦幻紫，居家装修时也经常用紫色装饰居室的空间，但紫色不适合在家居任何场景大面积使用，因为这会给人一种强烈的压抑感，长期处在这样的家居环境中容易让人郁闷，难有愉快的氛围。如果喜欢紫色，可以用作软装饰点缀。

配色技巧：在紫色中红的成分较多时，其给人压抑感、威胁感；在紫色中加入少量的黑，其性格就趋于沉闷、伤感、恐怖；在紫色中加入少量的白，可使紫色沉闷的性格消失，变得优雅、娇气，并体现女性的魅力。

图 4-59 紫色在客厅的应用

7. 黑色：代表深沉、压迫、庄重、神秘，是白色的对比色，和其他颜色相配合具有重心感。黑色用在家装中，会给人带来稳定、庄重的感觉。同时，黑色是百搭色，可与任何颜色搭配。

虽然黑色色调在居家装饰上总给人优雅高贵的感觉，但却不适合大面积运用，因为这会使居家环境出现阴阳失调的情况；若空间的采光不足，大面积使用还会使人容易产生沉重、压抑的感觉。

4-60

8. 灰色：代表高雅、朴素、沉稳，具有稳重、安定的效果。它介于黑白之间，是最百搭的颜色。高明度灰色可以大面积使用，可以体现出高级感。若搭配同样明度的图案，则可以增添空间的灵动感。

注意：低明度灰色最好不要大面积使用，避免产生压抑感。

4-61

图 4-60 黑色在会客室的应用

图 4-61 灰色在办公区的应用

9. 白色：代表清爽、无瑕、冰雪、简单，是黑色的对比色；同时也代表纯洁、轻松、愉悦。它是明度最高的色彩，用来装饰空间，能营造出优雅、简约、安静的氛围，同时兼具扩大空间面积的作用。

在大面积运用白色材质的情况下，运用一些黑色或深色边框的摆具、用具，可以达到大面积统一与小面积对比的效果，突出空间层次感。白色可以产生突显的效果，人为制造视觉亮点。在大面积的白色中，其他颜色会显得格外突出；反之，在艳丽的色彩间，一抹白色也会产生极大的对比效果。而在这五彩缤纷的色彩中，黑与白的对比又是最为鲜明与简洁的。这两个极端对立的颜色相组合，有时反而会产生难以用言语表达的共性与时尚感。

图 4-62 白色在客厅的应用

10. 粉红色：代表可爱、温馨、娇嫩、青春、明快、浪漫、愉快。它能使人激动的情绪稳定下来，适用于女孩房、新婚房等。粉色的分支和色调很多，从淡粉色、橙粉色到深粉色等。

注意：最好不要用粉色来装饰客厅及以男性为主导的空间。大量使用粉色会使人心情烦躁。浓重的粉色会使人一直处于亢奋状态，居住其中的人会产生莫名的心火，易引发烦躁情绪。建议可将粉色作为居室内装饰物点缀出现，或将颜色稀释成淡粉色，这样能让房间更加温馨。

11. 棕色：又称褐色、咖啡色等，给人沉稳、暗淡之感。因其与土地颜色相近，易让人联想到大地，给人可靠、朴实的感觉。其不宜大面积使用在体现时尚或空间活力感的地方。

图 4–63 粉红色在卧室的应用

图 4–64 棕色在客厅的应用

五、常见颜色的色彩搭配

1. 黑＋白＋灰＝永恒经典

4-65

黑加白可以营造出强烈的视觉效果，而近年来流行的灰色融入其中，可缓和黑与白的视觉冲突，从而营造出另外一种不同的风味。在这三种颜色搭配出来的空间中，充满冷调的现代与未来感，会由简单而产生出理性、秩序与专业感。这也是近几年流行的“禅”风格，表现原色，用无色彩的配色方法表现麻、纱、椰织等材质的天然质感，是非常现代派的自然质朴风格。

2. 蓝＋白＝浪漫温情

4-66

一般人不太敢尝试过于大胆的颜色，认为还是使用白色比较安全。如果喜欢用白色，又怕把家里弄得像医院，不如用白＋蓝的配色。淡蓝的天空、深蓝的海水，把白色的清凉与无瑕表现出来。这样的白，好像属于大自然的一部分，令人感到十分自由、心胸开阔，居家空间似乎像海天一色的大自然一样开阔自在。要想营造这样的地中海式风情，必须把家里的软装，如家具、饰品、窗帘等都限制在一个色系中，这样才有统一感。

图 4-65 黑白灰在客厅的应用

图 4-66 蓝白色在餐厅的应用

3. 蓝色 + 橘色 = 现代 + 传统

以蓝色系与橘色系为主的色彩搭配，表现出现代与传统、古与今的交汇，碰撞出兼具超现实与复古风味的视觉感受。蓝色系与橘色系原本都属于强烈的对比色系，只是在双方的色度上有些变化，让这两种色彩能给予空间一种新的生命。

4-67

4. 黄 + 绿 = 新生的喜悦

在年轻人的居住空间中，使用鹅黄色搭配紫蓝色或嫩绿色是一种很好的配色方案。鹅黄色是一种清新、鲜嫩的颜色，代表的是新生命的喜悦，最适合家里有小 baby 的居家色调。

果绿色是让人内心感觉平静的色调，可以中和黄色的轻快感，让空间稳重下来。所以，这样的配色方法十分适合年轻夫妻的居住空间。

4-68

图 4-67 蓝橘色在客厅的应用

图 4-68 黄绿色在卧室的应用

图 4-69 红、白、粉色在卧室的应用

图 4-70 黄橙色在餐厅的应用

5. 红色 + 白色 = 粉红色青春动感

红色是最抢眼的颜色，与在视觉上起收缩作用的蓝色相比，红色对视觉起强烈的冲击作用。所以，当红色使用在家具和窗帘等大的物品上时，一定要注意缓和其压迫感，在使用量上要控制在总量的两成左右，或者不用鲜亮的红色，而改用灰色调或暗色调的红色。说起粉红色，它不像红色那样强烈，但是印象鲜明，在表现可爱、成熟的时尚时，都可以使用。华丽的红色、纯净的白色、成熟的粉红色互相衬托、竞相争艳。

6. 黄色 + 橙色 = 阳光暖意

色彩鲜明程度最高的要数黄色。黄色可以给人温暖的感觉。但是，因为它和红色一样突出、夺目，所以在大件物品上过多使用生动的黄色，可能会让人焦躁不安。用发白的奶黄色来做墙壁或窗帘的底色是最合适的。因为它使视觉开阔，让人感觉房间变得宽敞。想为明亮的黄色做配色，选择灰色和橙色为佳。鲜艳的黄色如果配以灰色，会使人心境平和，舒缓惬意。当然，如果你想让房间变得明亮、鲜艳，还可以在房间里点缀绿色。

7. 黄色 + 茶色

被称为最温柔的色彩搭配是黄色 + 茶色。茶色不是指单色，它是由黄色或橙色中加入黑色构成的。因为黄色和茶色颜色相近，所以易于统一。但是，颜色也有许多等别，即使是黄色和茶色，也不能说都相配，有稍稍带些绿色的黄色，也有色调偏红的茶色。如果要追求颜色的统感，一定要选对颜色。

4-71

8. 蓝色 + 紫色 = 梦幻组合

以蓝色为中心的色彩组合，是让人感觉舒畅的一种家居装饰代表风格。在冷色系中，蓝色在视觉上具有缩小、退后的效果，如果利用得当，可以使房间看起来更大些。例如，在墙上挂上时钟或装饰画，会使空间产生层次感。蓝色用在床等大件物品上，会产生显得比实物小的效果。再加上些与蓝色相近的如烟如雾的紫色，会给你初春的美妙感受。紫色还可以缓和深蓝色的沉重，带来成熟感觉。鲜亮的色调和灰暗的色调恰当组合，会产生独特效果。

4-72

图 4-71 黄茶色在卧室的应用

图 4-72 蓝紫色在卧室的应用

9. 蓝色 + 紫色 + 对比色橙色

相近色调的搭配会给人以稳定的印象，而对比色的组合则具有个性鲜明的特征。加入对比色还能产生互相提携、搭配和谐的效果。鲜亮的蓝色和橙色以大约 1 ∶ 1 的比例搭配，是对比最为强烈的组合。如果想稍稍削弱对比度，只需改变其中一种颜色的色调，或者加入一些无色系的颜色，效果也不错。

10. 黄绿色 + 粉色 = 绮丽可爱

黄绿色年轻、粉红色可爱。将这两种颜色组合成一体，发挥它们各自的长处，是对比色搭配的一个很好的例子。这种搭配使建筑物呈现出亚洲特有的华美风格。在使用对比色搭配时，反差容易过于强烈，所以这里成功地使用了无颜色系，特别是黑色起到了稳定局面的作用。另外，如果是温和的灰色调，还会产生甜美、可爱的效果。

图 4-73 蓝、紫、橙色在卧室的应用

图 4-74 黄绿及粉色在卧室的应用

第四节 艺术涂料的后期维护与保养

艺术涂料是一种新型的墙面装饰涂料，其经过现代高科技的处理工艺，无毒、环保，同时还具备防水、防尘、防燃等功能。优质的艺术涂料可以洗刷，耐摩擦，色彩历久常新。在日常使用中，艺术涂料墙面主要受到灰尘、水滴和其他飞溅的污染，所以其清洁一般比较简单，可以用一些软性毛刷清理灰尘，再以拧干的湿抹布擦拭。

1. 挂尘、积灰：清理灰尘时只需使用毛掸轻掸或用拧干的湿抹布轻轻擦拭即可。

2. 轻度污染（如手脚印、笔印等）：在日常生活中，艺术涂料墙面上难免会被不小心留下脏的手脚印，尤其是有孩子的家庭，乱涂乱画是逃不掉的。遇到这种状况，用湿抹布、橡皮擦擦拭，即可褪去。因为艺术涂料耐摩擦，这样做不会对墙面的颜色及图案造成损伤。

3. 中度污染（如果汁、咖啡等）：由于艺术涂料本身具备防水、防尘、防燃等功能，遇到这种状况，用干抹布吸收污渍，再用湿抹布擦拭，最后用干抹布拭干即可。

如果时间条件允许，可以定期用喷雾蜡水对艺术涂料墙面进行清洁保养。因为蜡水具有清洁的功能，在擦拭的过程当中，不仅可以轻松地擦拭物体表面上比较难以去掉的污渍，还会在表面形成一层保护膜，这样一来对艺术涂料墙面的日常清洗也更方便简单。

需要注意的是，墙壁在擦拭之后，最好是将所有的窗户打开，让房间通通风，让墙壁上残留的水分能够快速风干，这也是保养艺术涂料墙面的重要步骤。

4. 重度污染（如颜料等染色物体）：需用湿抹布擦拭或用一些软性毛刷来刷洗。切记，在刷洗后，必须立刻用干毛巾擦干。如果污渍已经渗透或者污染面积过大，需要在污染的地方刷上水性底涂料，再用配套的同色艺术涂料涂刷遮盖即可。

5. 在清洁保养艺术涂料墙面的同时，还要注意避免被重型家具或物品碰撞，否则会对墙壁造成损坏。

6. 如果家中有小孩的，最好不要让小孩在艺术涂料墙面上乱涂乱画，以免墙面会被尖锐的物体划伤，这样修复起来比较麻烦，并且时间一久，也有可能会造成表面坑坑洼洼，这样不仅影响美观还会给以后的修复工作造成更大的困扰。

7. 每个孩子都喜欢涂鸦，涂鸦对孩子手、眼、脑的协调配合，增强脑、眼对手的指挥能力，都有着巨大的促进作用。建议可以用防涂鸦艺术涂料做一面墙，让爱涂鸦的孩子的天性得到发挥。

第五章

常见的艺术涂料施工工具及施工工艺

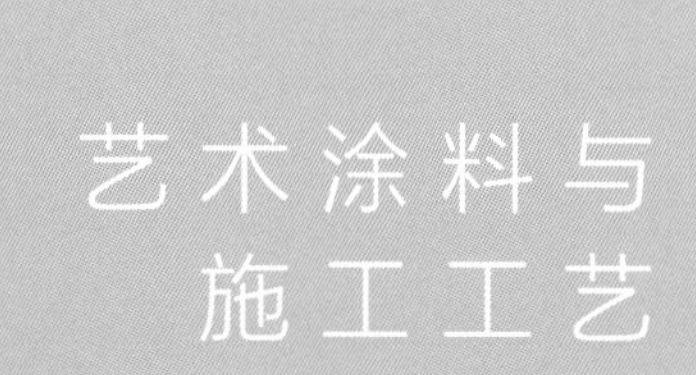

第一节　常见艺术涂料的施工工具

艺术涂料的施工是一项技术活，我们不仅要了解艺术涂料的特点，还要对相关的施工工具和施工工艺非常了解，才能做出好的效果。不同的施工区域、不同的效果要求，所使用的施工工具及施工工艺也不尽相同，下面就做些简单的介绍。

工欲善其事，必先利其器，选择合适的施工工具，是做好艺术涂料施工的关键所在。施工工具是指在施工作业时需要用到的工具，包含辅助施工工具和直接施工工具。按用途可分为劳保工具、辅助工具、基层处理工具、涂装工具等。

一、劳保工具

劳保工具是指保护劳动者在生产过程中的人身安全与健康所必备的一种防御性工具，对于减少职业危害起着相当重要的作用。劳保工具包括安全帽、工作服、防护服、工作手套、棉纱手套、乳胶手套、电焊手套、帆布手套、白棉布手套、微波炉手套、劳保鞋、工作围裙、口罩、防护镜、护膝、头盔等。

5-1

5-2

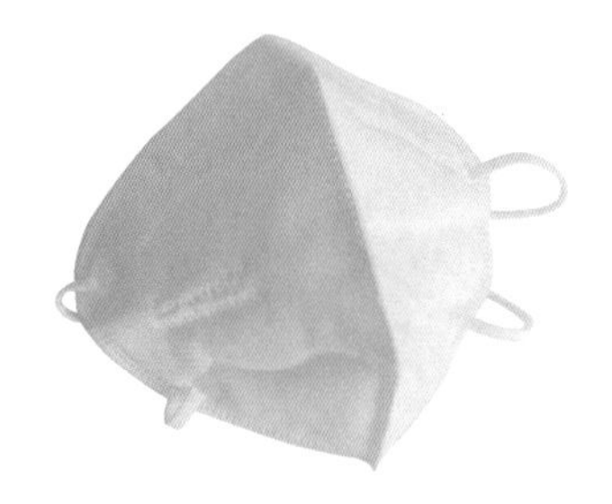

5-3

图 5-1 安全帽

图 5-2 劳保鞋

图 5-3 口罩

二、辅助工具

辅助工具是指辅助进行某项任务、某项操作或某件事时所需要使用的工具。辅助工具能使操作过程更加简单、轻松、便捷，提高工作效率，辅助工具包括搅拌器等。

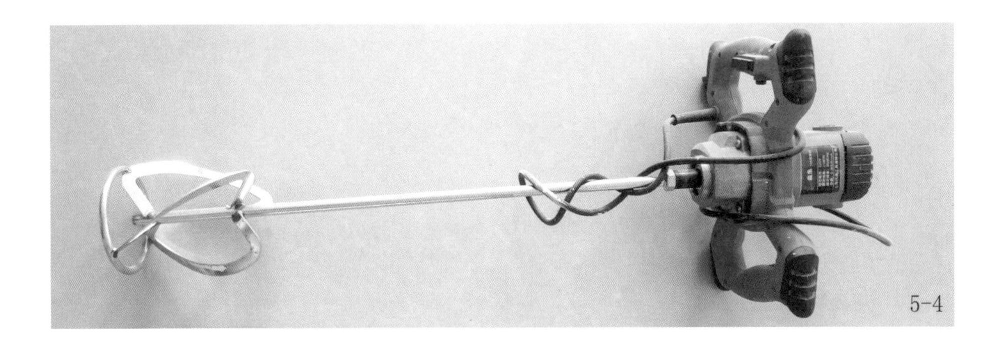
5-4

三、基层处理工具

基层处理工具是指对基层进行处理的工具。比如墙体的表面有空鼓、裂缝等缺陷，则要将墙体表面的空鼓铲除掉，并用腻子或水泥砂浆将墙体表面的裂缝、不平整之处修补平整，这个过程可用铲刀或刮刀将其表面的浮砂或灰砂铲掉，也可以用钢丝刷或硬毛竹扫帚将其表面上的浮砂或灰砂清理干净。

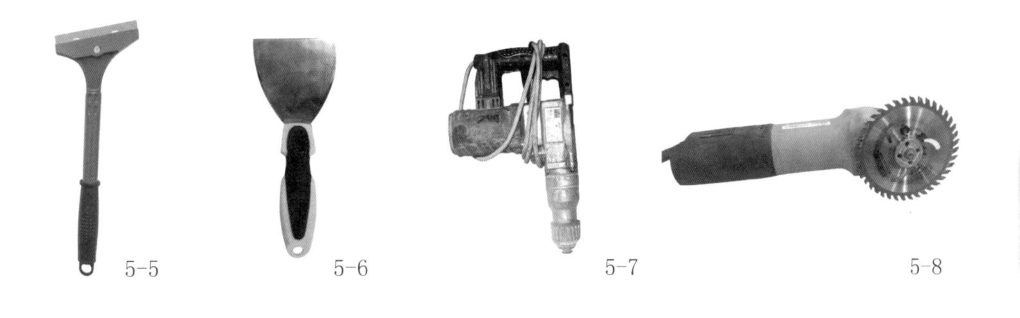
5-5 5-6 5-7 5-8

图 5-4 搅拌器

图 5-5 铲刀

图 5-6 油灰刀

图 5-7 凿子

图 5-8 开槽机

四、涂装工具

涂装工具是指适用于涂料施工过程中的主要工具。常见分类如下：

1. 艺术滚筒

可以根据个人爱好，选择不同花纹的滚筒，做出不同的纹理造型，主要用于肌理、骨浆等艺术涂料。

施工方法：

（1）滚涂前

用清水清洗浮毛，用水或稀释剂浸润绒毛并甩干水分，在废纸上滚去多余的液体再蘸取涂料。

（2）醮涂时

只需将滚筒刷的一半浸入涂料中，然后在滚筒托盘匀料板上来回滚动几下，使之含料均匀。

（3）平涂滚涂时

自上而下再自下而上，按“W”形方式将涂料滚在基层上，然后横向滚匀。当滚筒刷较干时，可将刚滚涂的表面轻轻整理一下，每次滚涂的宽度大约是滚筒长度的 4 倍，并使滚筒宽度的三分之一重叠，以免涂膜交合处形成滚痕。为保证涂布均匀，节省涂料，滚涂时滚筒刷两端用力要均匀，滚涂开始时含料较多，用力可稍轻一些，然后逐步加重；操作时手和肩尽量不用力，只是借助滚筒的翻转进行涂布，滚筒的回转速度不宜过快，以免涂料飞溅，影响涂装效果；收边时动作要轻，始终自上而下进行，卡边的技巧与刷涂相同。根据不同面积的大小可以使用不同尺寸的滚筒。

（4）压花滚涂时

肌理艺术涂料基料上好后，压花滚涂沿从上到下的方向把点压扁，用力要均匀，不可用力太大，会挤压墙面涂料，用力太小则达不到效果。

（5）滚刷完毕后

将滚筒竖直立在桌子旁或者地上，另一只手抵住一边的盖子，将滚套从支架上取出，对滚筒进行清洗。切记，要在滚刷仍然湿润时进行活水冲洗，并放置在通风处晾干，以备下次继续使用。

注意事项：

（1）滚涂所用的艺术涂料黏度应根据基层表面的干湿程度、吸水快慢来调节。艺术涂料黏度高、流平性差会影响到漆膜的平整性，而黏度低、漆膜薄会增加施工的次数。

（2）每日按照分格分段施工，不留接茬缝，以免事后修补产生色差甚至“花脸”。一个平面上的滚涂尽量一次连续性完成，以免接头处留下痕迹。

（3）基层表面不平时，应使用窄滚筒施工，若滚涂中出现气泡，则可待涂层稍干后用蘸浆较少的滚筒复压一次。

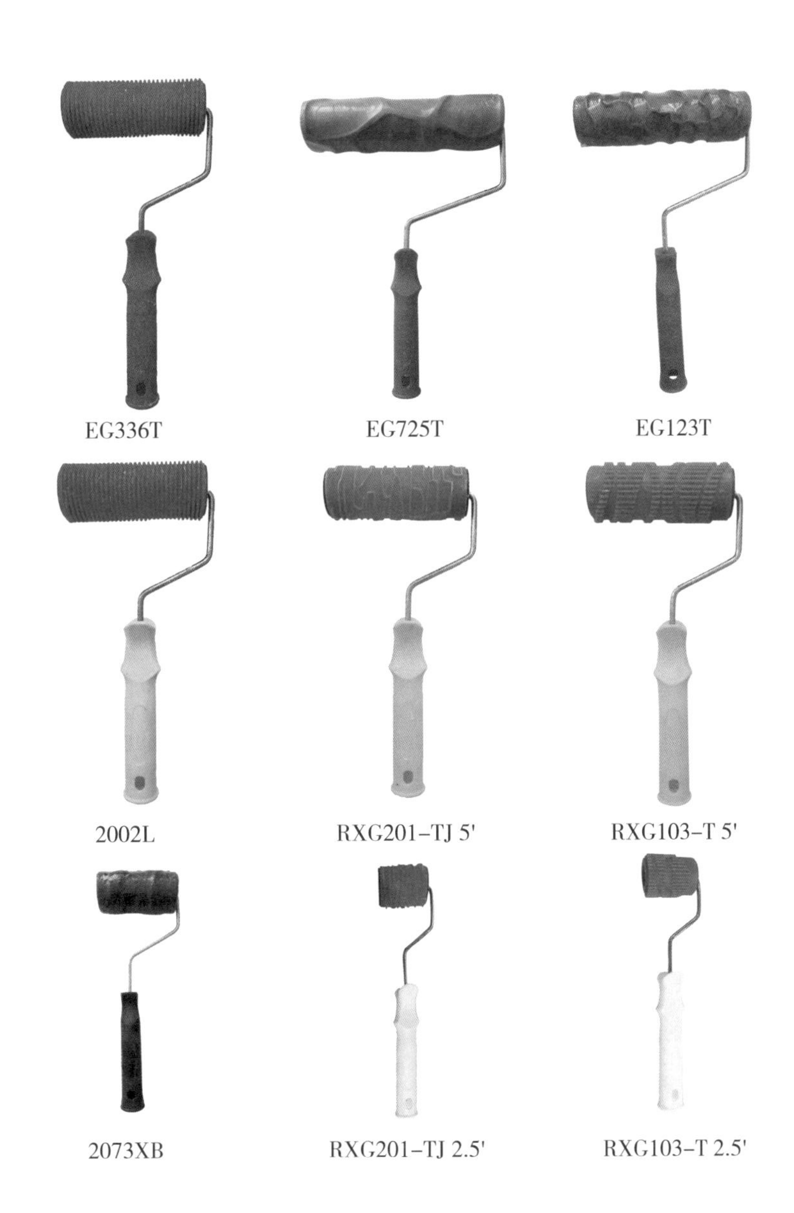

图 5-9 艺术滚筒

2. 羊皮滚筒

羊皮滚筒采用优质羊皮及海绵精制而成。待面漆上完未干之前，选用合适的羊皮滚筒可做出所需的艺术效果。羊皮滚筒使用完毕，要在工具没干燥前立刻对其用干净的清水进行清洗，并放置在通风处晾干，以备下次继续使用。

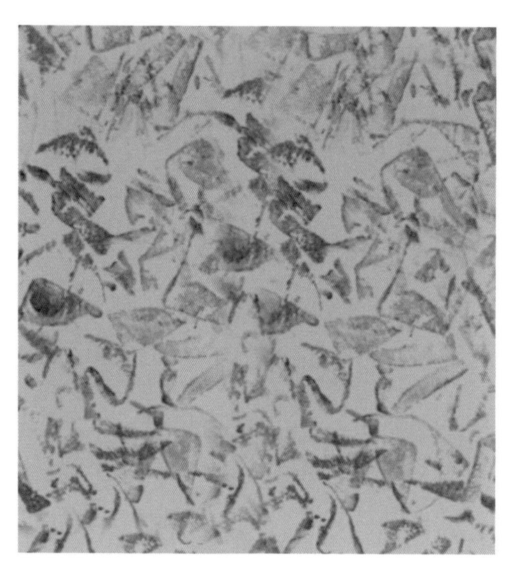

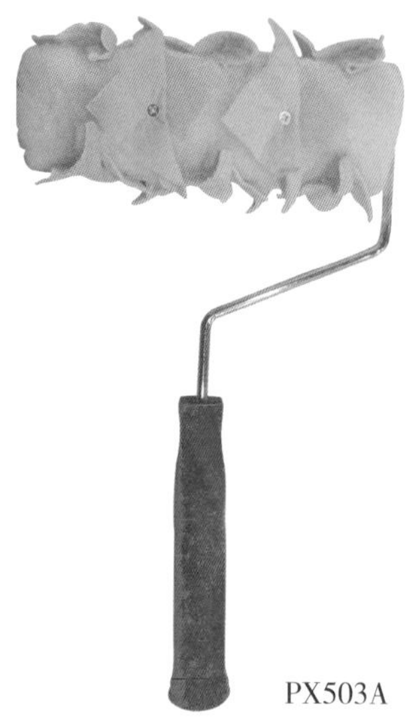

PX503A

PX704A

图 5–10 羊皮滚筒

3. 艺术毛刷

艺术毛刷种类繁多、性能各异。按毛的种类不同，可分为猪鬃毛刷和羊毛刷。猪鬃毛刷材质硬，羊毛刷材质软。艺术毛刷可以用来扫砂、蘸涂涂料，或做出不同的艺术造型等。

使用前要注意艺术毛刷是否有掉毛现象，可先用清水清洗，晾干后再使用。使用过程中力度要合适。布纹刷要走直线，若发现有起球等现象要及时用干净的湿抹布擦干净；扫大漠艺术沙等时，可用棕毛刷上料，再用另一支棕毛刷堆砂，若堆砂较多则力度要重，若堆砂较少则力度要轻，可垂直、平行或倾斜等做出所需的砂路纹理；扫幻彩艺术砂时，可用双头刷蘸取不同颜色的料进行上料。

艺术毛刷使用完毕，要在工具没干燥前立刻对其用干净的清水进行清洗，并放置在通风处晾干，以备下次继续使用。

单排布纹刷

高级猪鬃木柄艺术刷

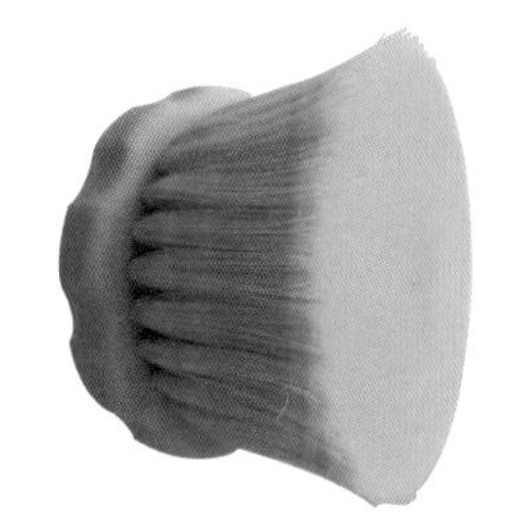

圆形艺术刷

白色化纤丝刷

獾毛刷

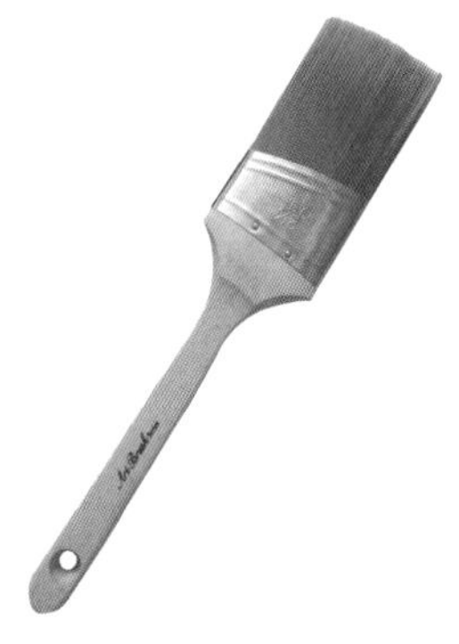

榉木斜角橙色丝艺术刷

图 5-11 艺术毛刷

4. 艺术木纹类工具

艺术木纹类工具是做木纹艺术涂料使用的工具。木纹艺术涂料是一款仿木材纹理的水性环保涂料，与有色底漆搭配，可逼真地模仿出各种想要的效果，能与原木家具媲美。使用时，主要是通过类似于水转印方式，将仿木纹漆转印到要施工的底材上。它是水性漆技术的一个突破，使刨花板、中纤板、树脂压模板、实木板等材料经过简单的艺术加工，仿制出实木家具的神韵。它还可根据不同的需要，制造出不同的各具风格的木纹效果，能打造出贴纸木纹所达不到的艺术效果和美感。在混凝土墙面施工时，要在未干的涂料上沿垂直方向滑动艺术木纹类工具，不时向前或向后摇摆，印出水印效果。从墙角开始，把艺术木纹类工具从一边滑动并摇摆到另一边，保持一个连续的、不间断的动作，边滑动边摇摆的动作可以做出拉长的橄榄形斑纹。

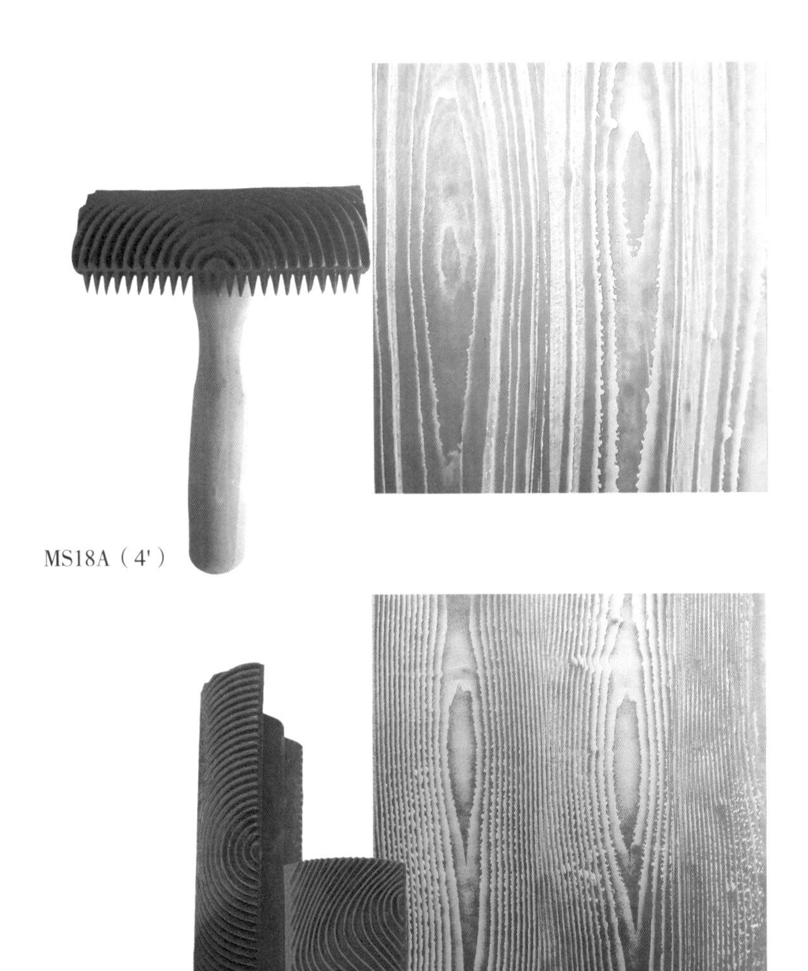

图 5-12 艺术木纹类工具

5. 艺术齿梳类工具

艺术齿梳类工具可根据设计需求及个人喜好，做出横纹、竖纹、斜纹、扇形纹、弧线纹。用不锈钢艺术齿梳类工具拉布纹艺术涂料纹路时，若发现有起球等现象要及时用干净的湿抹布擦干净。

艺术齿梳类工具使用完毕，要在工具没干燥前立刻对其用干净的清水进行清洗，并放置在通风处晾干，以备下次继续使用。

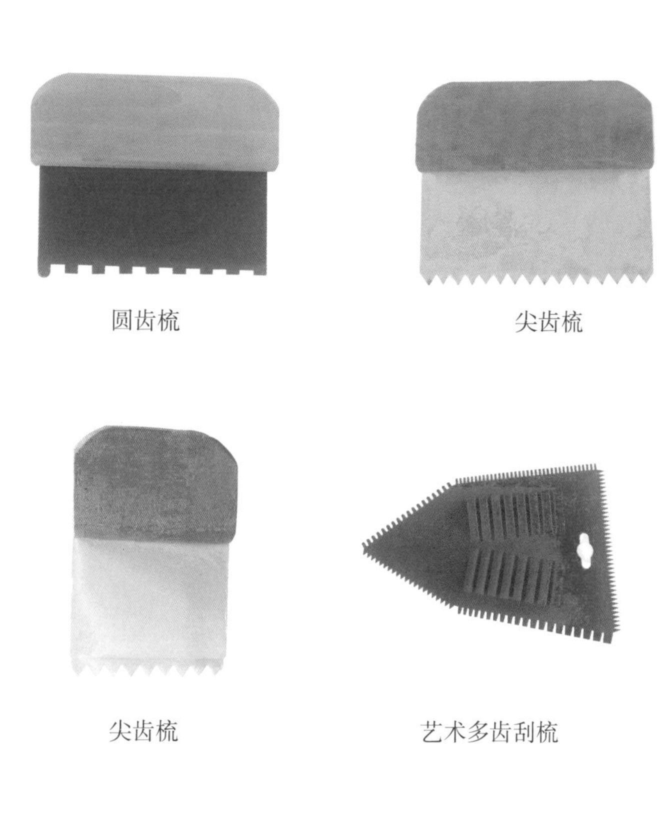

图 5-13 艺术齿梳类工具

6. 艺术刮板类工具

做马来漆时要用到艺术刮板，用大刷子在墙面上均匀地涂上艺术涂料，再用特制刮板轻轻批刮涂料。注意，施工时，刮板与墙面所成的角度要小，收工要快。使用该工具时要点下，提起，转个角度后再点下，提起，如此反复进行，以确保接口处衔接自然。印花漆印花时用刮板上料，在印花处满批。

艺术刮板类工具使用完毕，要在工具没干燥前立刻对其用干净的清水进行清洗，并放置在通风处晾干，以备下次继续使用。

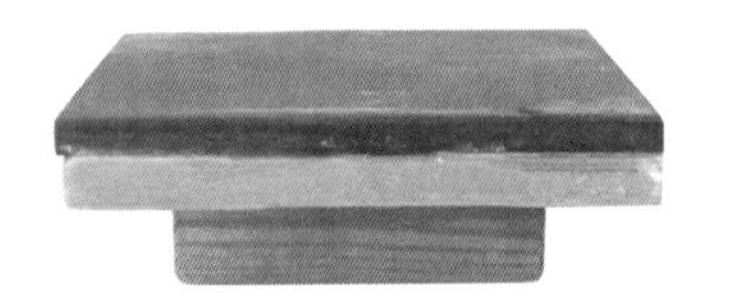

海绵木刮板

多功能刮板

塑料刮板

雅晶石搓板

塑料刮板

图 5-14 艺术刮板类工具

7. 海藻绵类工具

海绵分为两种，一种是天然海绵，一种是仿海藻绵。艺术涂料中用到的海藻绵，其实就是天然海藻绵。天然海藻绵可分为丝海绵、蜂窝海绵、硬变海绵、草海绵、羊毛海绵、黄色海绵、原色海绵等。天然海藻绵是海底天然生长自然形成的，跟植物一样，每一个都不一样，包括孔洞形状、纹理分布、表面绒毛长短、蜂窝孔的分布、颜色等都是千差万别的。仿海藻绵是人工造的，每一个都是一样的，包括孔洞形状等。

在艺术涂料施工的时候由于材料不同、使用力度不同、手法不同，做出来的效果也不同。天然海藻绵做出来的效果是不规则的，显得比较自然。仿海藻绵做出来的效果是比较规整有序的。

天然海藻绵花纹自然、匀称，比仿海藻棉的更耐溶剂，用它来做油性涂料的擦色、揉色，能涂刷出非常好的艺术效果。因为其独特的性能，在艺术涂料里面也经常用它来做一些特殊的肌理。进口艺术涂料用它来点色，做三色珠光之类的工艺，同时也可以做薄浆效果的工艺，实用性非常强。

在使用时，轻轻蘸上漆料，轻拍墙面，同时不断转换手腕角度，使纹理均匀即可。

海藻绵类工具使用完毕，要在工具没干燥前立刻对其用干净的清水进行清洗，并放置在通风处晾干，以备下次继续使用。

海藻绵滚筒

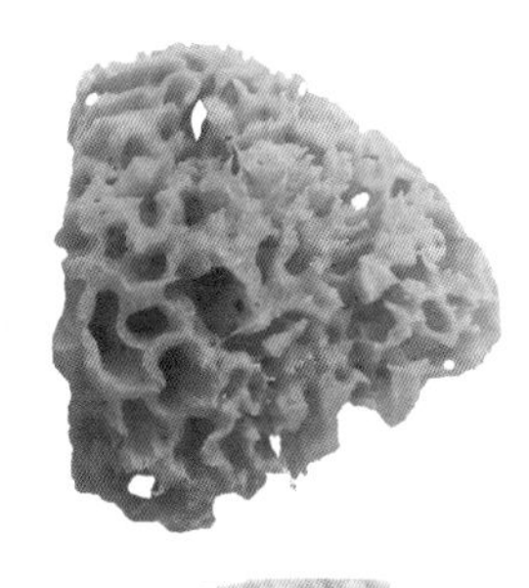

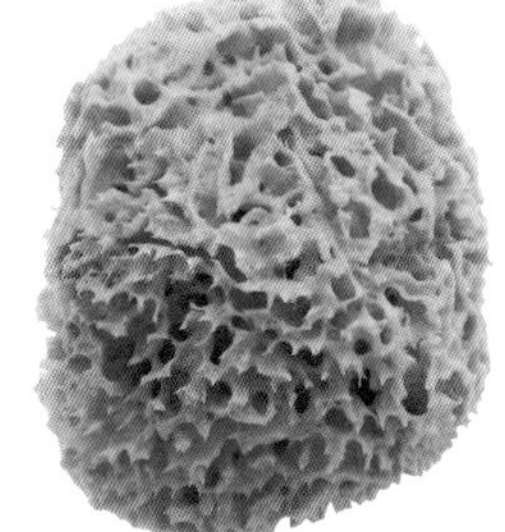

天然海藻绵

图 5-15 海藻绵类工具

8. 艺术线型专用刷

艺术线型专用刷主要用于拍点工艺，使用前先对工具进行清理，防止有灰尘及掉毛等现象。上料时蘸料不要太多，拍点时力度要适中，以免导致做出的纹理不清晰，达不到设计效果。

艺术线型专用刷使用完毕，要在工具没干燥前立刻对其用干净的清水进行清洗，并放置在通风处晾干，以备下次继续使用。

图 5–16 艺术线型专用刷

（图 5–9 ~ 5–16 由专业施工工具制造商江门日洋装饰材料有限公司提供）

9. 其他艺术工具

海绵，可用于擦色；拉毛滚筒，可用于拉出大、中、小花；塑料打磨器，可用于天鹅绒艺术涂料的纹理制作；粘料球，可用于拍点上料等；艺术羽毛笔，可用于石纹彩艺术涂料勾画艺术纹理；塑料批刀，可用于收边用。

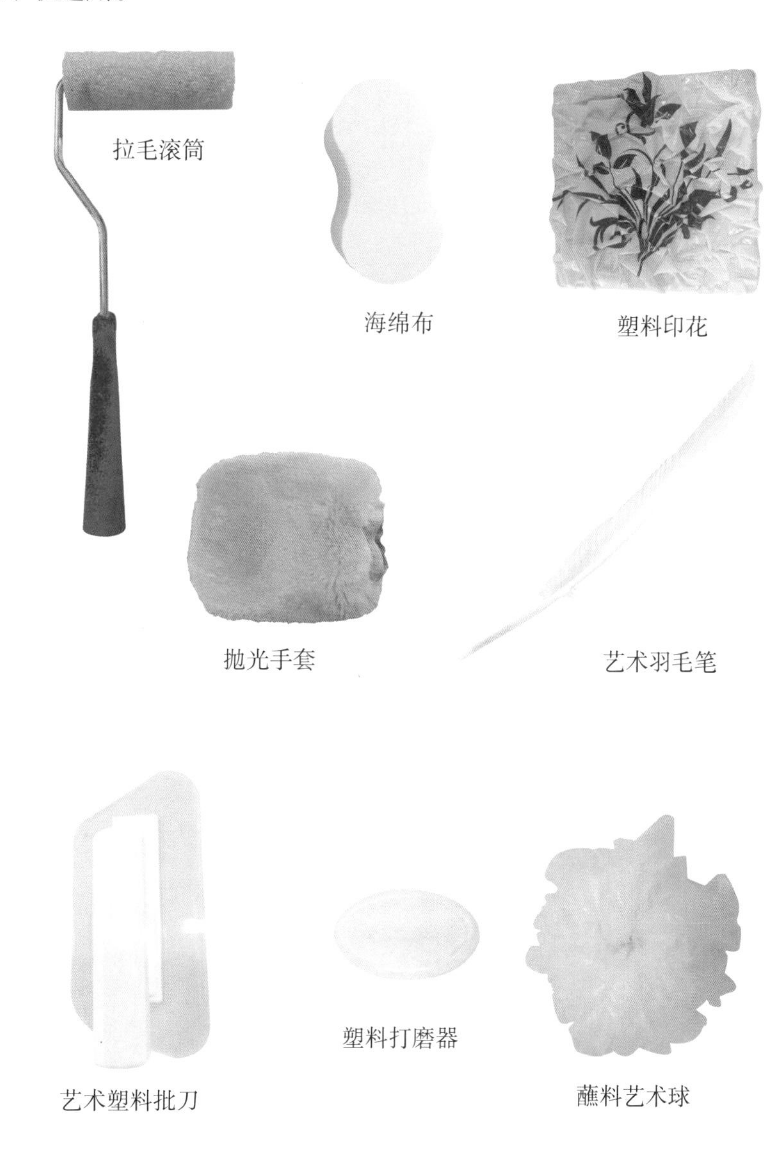

图 5-17 其他艺术工具

第二节　几种常见艺术涂料的施工工艺

一、薄浆型产品

1. 天鹅绒艺术涂料

产品介绍：

天鹅绒艺术涂料是一种闪亮珠光的涂装，成品的平面效果通过不同颜色的深浅可带来强烈的层叠效果，彰显奢华的装饰风格。产品阴阳效果强烈，丝绸触感明显，耐褪色强且易施工。

适用场所：

大气、高雅及丝绸般珍珠光泽的效果适合中式、欧式及现代装饰风格使用。广泛应用于客厅、卧室、酒店大堂、会议室等，搭配丰富的软装让简单的墙面生动活泼起来。

理论料耗：

0.2 ～ 0.35 kg/m^2

施工工具：

1. 羊毛滚筒
2. 塑料打磨器
3. 多边形塑料艺术批刀（收边脚用）

施工工艺：

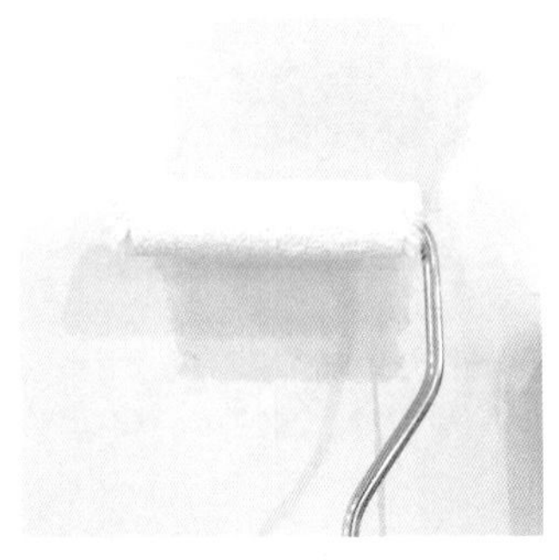

1. 在腻子完全干燥后打磨去除墙面灰尘，然后滚涂环保水晶底漆。

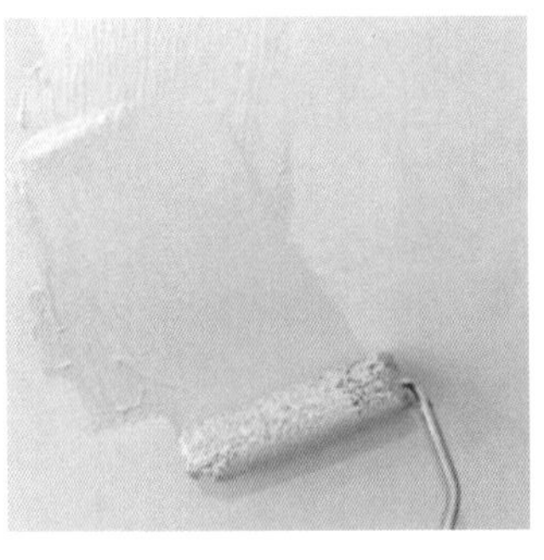

2. 用除甲醛环保水漆滚涂（接近墙面色）。

3. 滚涂一道天鹅绒艺术涂料，用塑料打磨器按 S 形或者 8 字形将材料搓开。

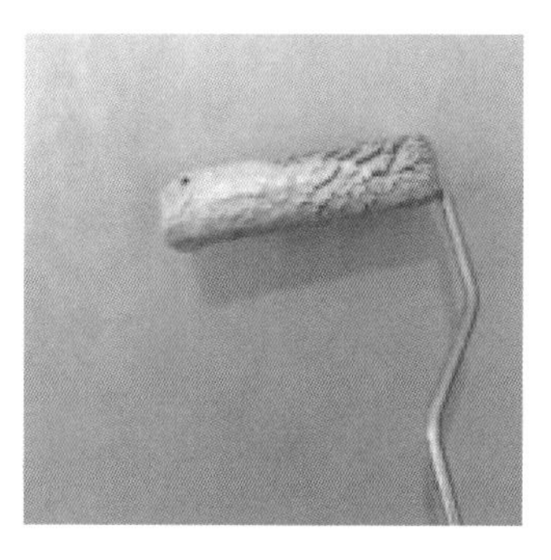

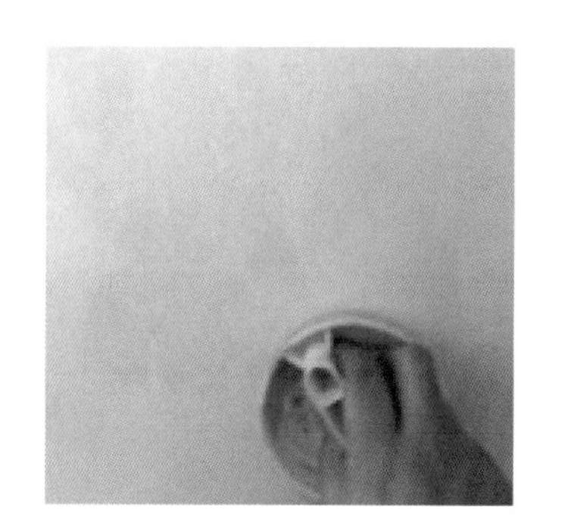

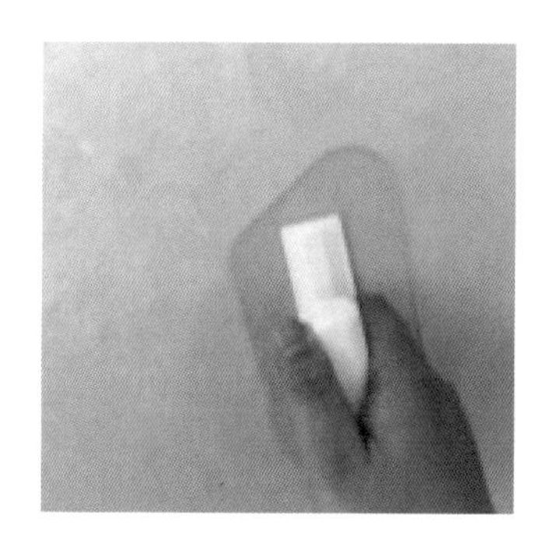

4. 待完全干燥后，再次均匀滚涂一道天鹅绒艺术涂料，用塑料打磨器按 S 形或者 8 字形搓出阴阳面效果即可。

温馨提示：

此产品还可做天鹅绒艺术涂料滚点效果。

注意事项及成品标准：

1. 优质的天鹅绒艺术涂料开罐后，表面应均匀无气泡，拿调漆刀挑起产品后，会如丝缎般顺滑流下；罐内无明显分层及沉淀现象。使用前应搅拌均匀。

2. 天鹅绒艺术涂料在使用塑料打磨器的施工过程中，应该手感顺畅，产品容易搓开无局部堆积现象；不能有粘塑料打磨器及透底现象。对于黏度过高的产品，使用前可用清水适当稀释；稀释后的产品尽量一次性用完，以免变质。

3. 天鹅绒艺术涂料的干燥速度是施工过程中的一个重要因素：干燥太快会导致滚涂完的产品还未做出效果就已经干燥而无法施工，干燥太慢则导致施工效率低。

4. 成品干燥后，手感要滑爽、阴阳面强烈、有鹅绒般的绒感；阴阳面不强、表观卡涩、手感不滑爽、无绒感的均为不良产品。

5. 施工完毕，未用完的产品要密封好以便下次使用，工具要及时清洗干净晾干。

天鹅绒

2. 三色珠光艺术涂料

变色珠光

产品介绍：

三色珠光艺术涂料主要是通过金属艺术涂料的各种金属色搭配。一般采用三种以上的颜色搭配呼应，点状涂刷，风格各异，若隐若现，通过整体呈现一个多变的花色造型来带给人们不同的视觉感受，给墙面梦幻如真的效果。

适用场所：

适合各种室内天花板装饰，广泛应用于卧室、客厅、酒店等。

理论料耗：

0.02 ～ 0.03 kg/m^2

施工工具：

1. 羊毛滚筒
2. 海藻绵工具（天然海藻绵或者海藻绵滚筒）

施工工艺：

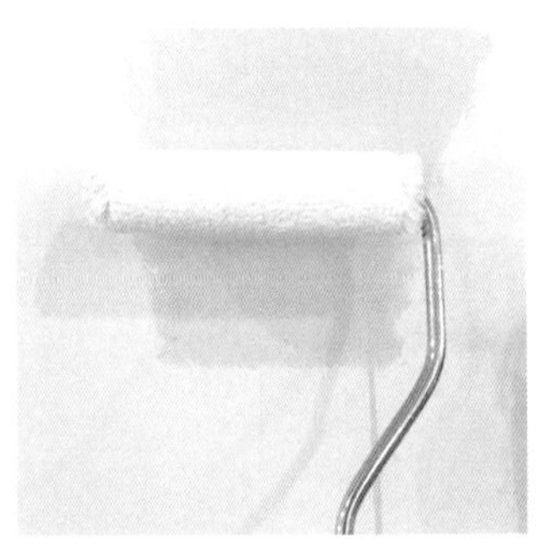
1. 在腻子完全干燥后打磨去除墙面灰尘，然后刷涂一道环保水晶底漆。

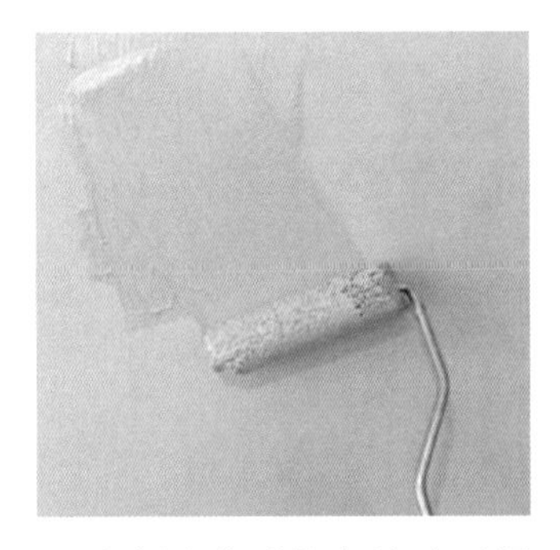
2. 用除甲醛环保水漆（可调色）均匀涂刷一遍。

3. 待除甲醛环保水漆完全干燥后，挑客户喜欢的 2 ～ 3 个颜色，用天然海藻绵拍点或用海藻绵滚筒滚点。注意，要朝不同的方向滚点才会让整体自然，这样即完成施工。

注意事项及成品标准：

1. 三色珠光艺术涂料开罐后，表面应均匀无气泡，拿调漆刀挑起产品后，会如丝缎般顺滑流下；罐内无明显分层及沉淀现象。使用前应搅拌均匀。

2. 三色珠光艺术涂料在使用天然海藻绵拍点时，蘸料不要太多，用力不要太大，避免拍点时呈现不良堆积现象。对于黏度过高的产品，使用前可用清水适当稀释；稀释后的产品尽量一次性用完，以免变质。

3. 三色珠光艺术涂料在使用天然海藻绵拍点过程中，应朝不同方向均匀拍点，点的疏密度应根据设计效果而定。

4. 成品干燥后，整体要平滑无堆料凸起的不良现象，应有如梦幻般的绚丽效果。

5. 施工完毕，未用完的产品要密封好以便下次使用，工具要及时清洗干净晾干。

3. 石纹彩艺术涂料

石文彩

产品介绍：

石纹彩艺术涂料通过简单的施工来达到仿天然石材的细腻纹路及独特效果，让简单的墙面呈现出变幻莫测的大理石质感。其自然、真实、平面的涂刷，颠覆传统涂料颜色单一的缺陷，创造建筑艺术之美。

适用场所：

广泛应用于天花板、装饰柱体表面、各种背景墙等。

理论料耗：

0.05 ～ 0.07 kg/m^2

施工工具：

1. 羊毛滚筒
2. 天然海藻绵
3. 擦色海绵

施工工艺：

1. 在腻子完全干燥后打磨去除墙面灰尘，然后刷环保水晶底漆。

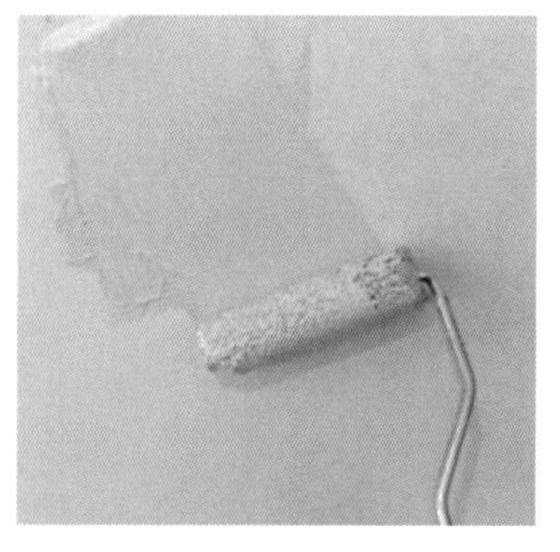

2. 用除甲醛环保水漆（可调色，白色也可调色）均匀涂刷一遍。

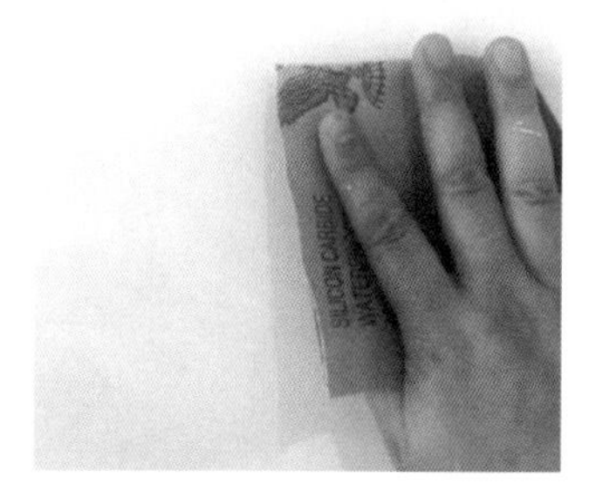

3. 待除甲醛环保水漆完全干燥后，用砂纸轻轻打磨（避免墙面有小颗粒）。

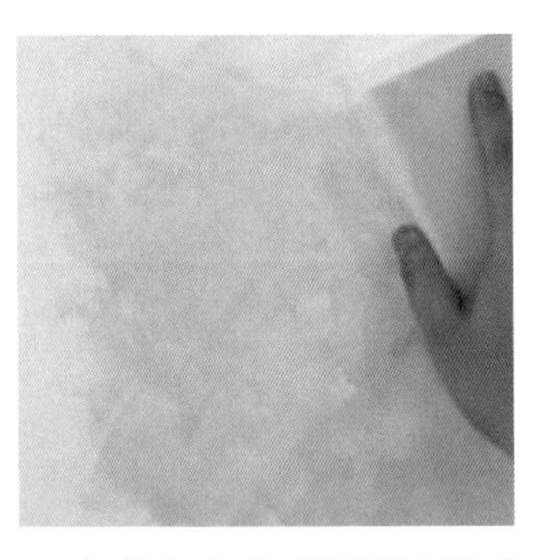

4. 打磨完成后，清除墙面灰尘，然后拍出纹理。

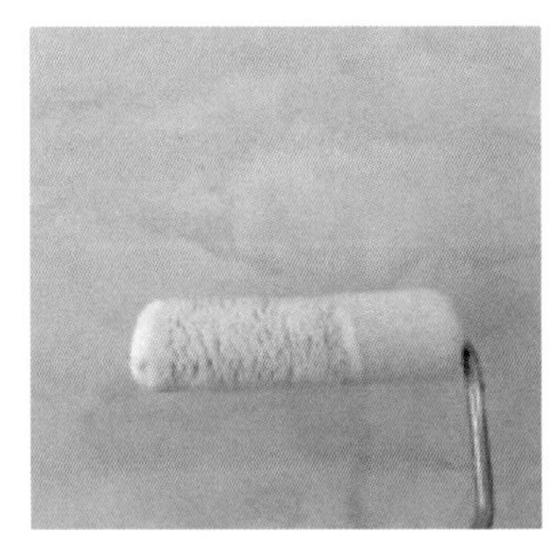

5. 完全干燥后，滚涂高光面漆即可。

温馨提示：

此产品做法较多，一般罗马柱用此产品较多。

注意事项及成品标准：

1. 石纹彩艺术涂料开罐后，表面应均匀无气泡，拿调漆刀挑起产品后，会如牛奶般顺滑流下；罐内无明显分层及沉淀现象。使用前应搅拌均匀。

2. 石纹彩艺术涂料在使用前，应根据所需要的效果、颜色及使用量进行调色，以免造成不必要的浪费。基面一定要平整光滑，高密度海绵应干净无其他杂色。

3. 蘸料后，将料均匀拍散在基面上，揉搓出大理石纹理效果。

4. 成品干燥后，整体要平滑无堆料凸起的不良现象，应有独特的大理石纹理效果。

5. 施工完毕，未用完的产品要密封好以便下次使用，工具要及时清洗干净晾干。

4. 幻彩变色艺术涂料

产品介绍：

幻彩变色艺术涂料通过变色珠光不同角度呈现不同颜色的特点，让建筑物表面呈现多色多变的效果，带给人梦幻绚烂的艺术享受。

幻彩变色

适用场所：

广泛应用于酒店、KTV、酒吧、各种室内背景等。

理论料耗：

0.15 ～ 0.25 kg/m^2

施工工具：

1. 羊毛滚筒
2. 双头毛刷
3. 不锈钢批刀

施工工艺：

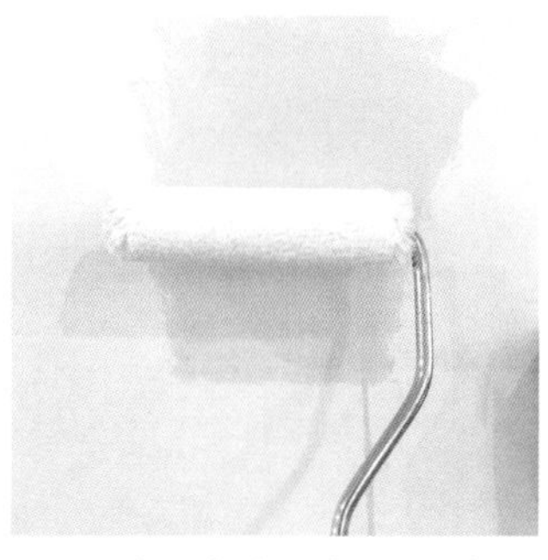

1. 在腻子完全干燥后打磨去除墙面灰尘，然后刷环保水晶底漆。

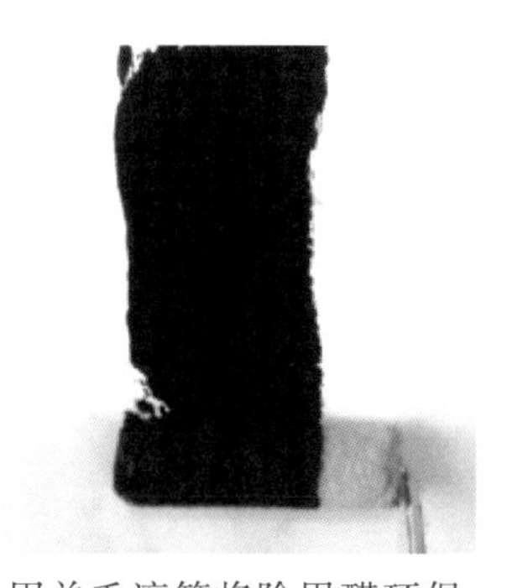

2. 用羊毛滚筒将除甲醛环保水漆（黑色）均匀滚涂一遍（一般都以黑色打底来体现变色效果的强烈）。

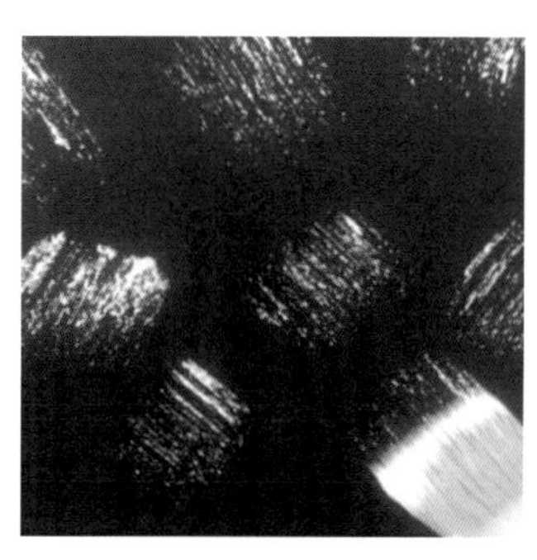

3. 用双头毛刷蘸取一种颜色的幻彩变色艺术涂料均匀刷涂。

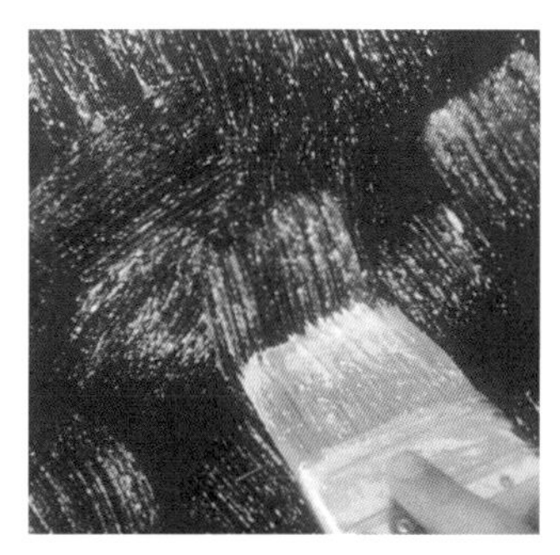

4. 用双头毛刷蘸取另一种颜色的幻彩变色艺术涂料均匀刷涂。

5. 刷涂完成后，用不锈钢批刀将两种颜色混合拍平（力度轻一点）。

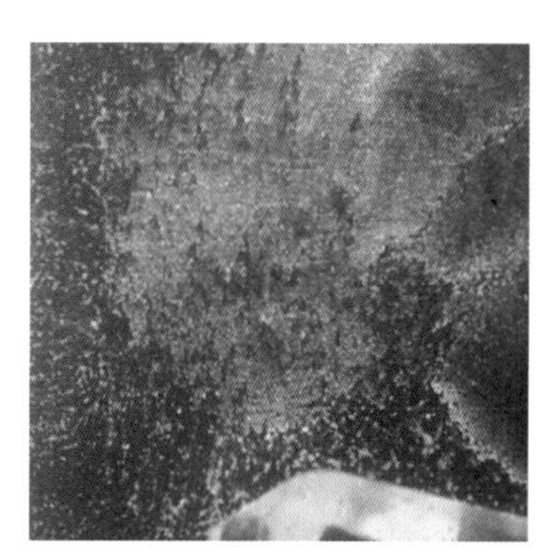

6. 待八成干后，用不锈钢批刀往不同方向收平即可。

注意事项及成品标准：

1. 幻彩变色艺术涂料开罐后，表面应均匀无气泡，粒子应均匀地分布在连续相中，无粒子之间相互黏结现象；罐内无明显分层及沉淀现象。使用前应轻轻搅拌，不可用力太大以免粒子搅碎。

2. 幻彩变色艺术涂料不可调色。

3. 蘸料刷到墙上后，要等到八成干左右，才开始用不锈钢批刀往不同方向将粒子刮破。

4. 不良的幻彩变色艺术涂料在涂刷过程中，粒子极易破碎。

5. 施工完毕，未用完的产品要密封好以便下次使用，工具要及时清洗干净晾干。

5. 灰泥艺术涂料

灰泥

产品介绍：

灰泥艺术涂料是一种源自意大利的舶来品，采用特殊的合成工艺，让材料与色彩完美结合，通过与众不同的施工手法，模仿大理石的纹理，展现非常独特的石纹效果。成品效果具有天然石材的光泽度及瓷器的通透感，产品仿真性极佳，图案色彩均匀，有着很强的光泽度。在自然光的反射下其可呈现出不同的绚丽色彩，营造出温馨而和谐的情感空间。

适用场所：

广泛应用于酒店大堂、别墅、办公室、电梯过道等。

理论料耗：

0.5 ～ 0.6 kg/m^2

施工工具：

1. 羊毛滚筒
2. 不锈钢批刀
3. 进口抛光刀
4. 砂纸（1 000 目及以上）
5. 抛光机
6. 抛光蜡

施工工艺：

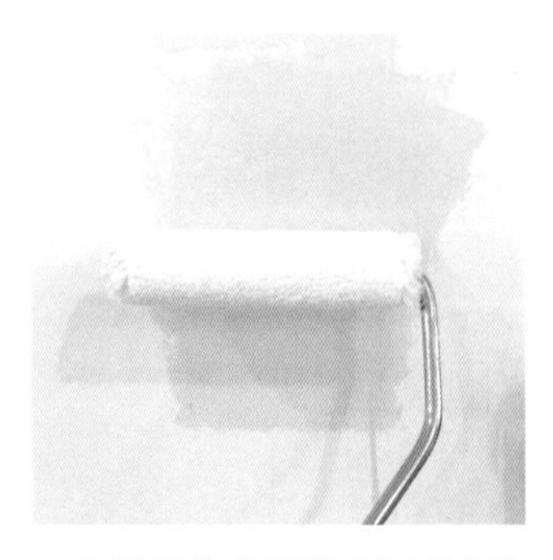
1. 在腻子完全干燥后打磨去除墙面灰尘，然后滚涂环保水晶底漆。

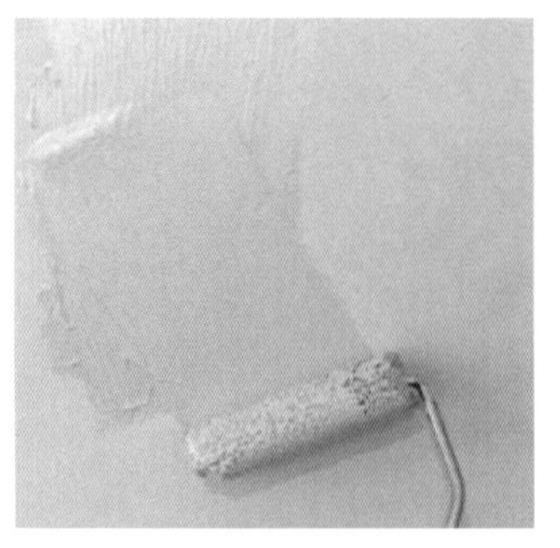
2. 用羊毛滚筒将除甲醛环保水漆（根据客户需要调色）均匀滚刷一遍。

3. 将灰泥艺术涂料调出客户想要的颜色，用不锈钢批刀（尖头）均匀批刮一遍。

4. 待第一遍完全干燥后用 1 000 目砂纸均匀打磨一遍。

5. 打磨完成后清除墙面灰尘，然后用不锈钢批刀批出客户想要的纹理。

6. 待纹理完全干燥后用 1 000 目砂纸均匀打磨一遍，然后清除墙面灰尘后再满批一遍。切记，满批的同时后面要跟着 1 ～ 2 人，待满批的墙面略微吸收一下水分，后面的人用进口抛光刀进行手工抛光。

7. 待手工抛光完全干燥后用 2 000 目砂纸略微打磨一下，打磨完成后清除墙面灰尘然后打蜡抛光即可。

温馨提示：

此产品做法较多，可采用乱纹、黑白条纹、灰泥擦色等工艺。

注意事项及成品标准：

1. 灰泥艺术涂料开罐后，表面应均匀无气泡，用调漆刀挑起产品后，会均匀缓慢连续流下；罐内无明显分层及沉淀现象。使用前应搅拌均匀。

2. 灰泥艺术涂料在使用前，应根据设计效果进行调色。如若施工时觉得产品黏度过高，使用前可用清水适当稀释。

3. 批刮时应薄批，第一遍满批即可。一定要完全干燥后方可打磨，不然第二道批涂后易起泡。

4. 批花时批刀应按 S 形走，花纹才较自然。

5. 抛光时抛光刀应与施工面呈 45° 角，沿着一个方向用力摁住抛光刀抛光。注意，不要漏掉任何地方，需要全墙面抛光。

6. 施工完毕，未用完的产品要密封好以便下次使用，工具要及时清洗干净晾干。

6. 扫砂类艺术涂料

大漠艺术沙

产品介绍：

对扫砂类艺术涂料进行简单的施工即可让墙面丰富多彩，用猪毛刷根据客户喜欢的效果随意地刷涂就能达到令人置身沙丘的感觉。扫砂类艺术涂料沟壑分明，纵横交错，常见的效果包括横竖纹、乱纹以及斜纹，现代感十足，展现出房屋主人与众不同的生活品位。

适用场所：

广泛应用于家庭室内背景墙、酒店大堂、别墅、KTV、酒吧等。

理论料耗：

0.2 ～ 0.3 kg/m²

施工工具：

1. 羊毛滚筒
2. 猪毛刷

施工工艺：

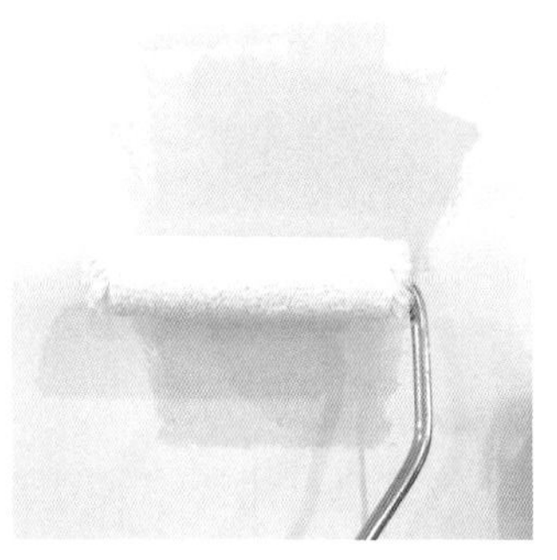

1. 在腻子完全干燥后打磨去除墙面灰尘，然后滚涂环保水晶底漆。

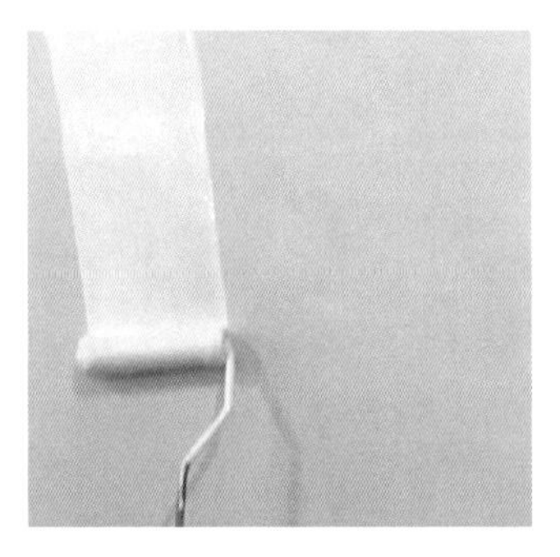

2. 用除甲醛环保水漆（根据客户需要调色）均匀滚涂一遍。

3. 用猪毛刷蘸取大漠艺术沙涂料按照一个方向刷出纹路（也可做乱纹）即可。

注意事项及成品标准：

1. 扫砂类艺术涂料开罐后，表面应均匀无气泡，砂粒应均匀地分布在漆液中；罐内无明显分层及沉淀现象。使用前应搅拌均匀。

2. 扫砂类艺术涂料在使用前，应根据设计效果进行调色。如若施工时觉得产品黏度过高，使用前可用清水适当稀释。

3. 蘸料后，可以先将材料涂刷上墙，按照从上往下从左往右的方向施工。

4. 上料时无须全墙上满再扫纹路，可以上好一个区域的料就把纹路扫出，再接着做下一个区域。

5. 纹路效果应根据设计效果确定，切记不可一直在一个区域内扫纹路，干燥后施工性会降低，扫砂阻力会增加，纹路效果也会不自然。

6. 大面积施工应考虑到罐内材料的黏度升高问题，毛刷在长时间施工后黏料较多不好施工时可以用清水洗净后再继续施工。

7. 施工完毕，未用完的产品要密封好以便下次使用，工具要及时清洗干净晾干。

二、厚浆型产品

1. 肌理艺术涂料

肌理漆

产品介绍：

肌理艺术涂料是国内应用最多的涂料，简单的施工即可让墙面纹路明显，同时拥有强烈的立体手感，表面细腻润滑，可以满足各种档次的装修需求。

适用场所：

广泛应用于家庭室内各区域、别墅、酒店等。

理论料耗：

0.45 ～ 0.6 kg/m^2

施工工具：

1. 羊毛滚筒
2. 排刷
3. 肌理压花滚筒

施工工艺：

1. 在腻子完全干燥后打磨去除墙面灰尘，然后滚涂环保水晶底漆。

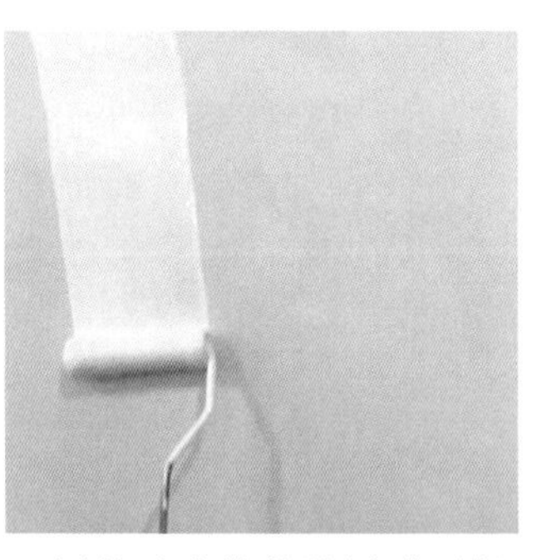

2. 用羊毛滚筒将除甲醛环保水漆（根据客户需要调色）均匀滚涂一遍。

3. 用羊毛滚筒将高级全效肌理艺术涂料均匀滚涂一遍。

4. 用排刷排出纹理，用直纹滚筒拉直。

5. 用专业滚筒拉出想要的纹理。

6. 待完全干燥后用400目砂纸打磨一遍。

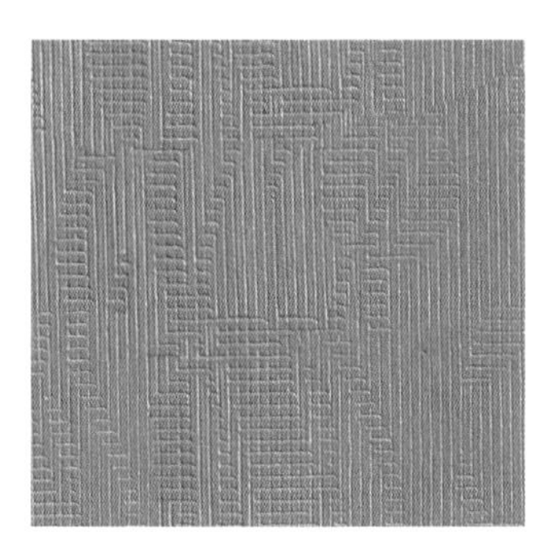

7. 清除墙面灰尘，然后刷上面漆即可（也可刷亮银调色）。

温馨提示：

此产品做法较多，也可做布纹艺术涂料效果，面层可以刷金属艺术涂料或除甲醛环保水漆。

注意事项及成品标准：

1. 肌理艺术涂料开罐后，表面应光亮湿润；罐内无明显分层及沉淀现象。使用前应搅拌均匀。

2. 肌理艺术涂料在使用前，应根据设计效果进行调色。如若施工时觉得产品黏度过高，使用前可用清水适当稀释。切记，不可加水过多，容易导致成品效果立体感不强，纹路塌陷流平。

3. 施工上料时可以用羊毛滚筒，也可以使用常规拉毛滚筒。

4. 上料完成后使用毛刷将滚涂纹路排平时，毛刷应先用水润湿，但是不可含水过多。

5. 用肌理压花滚筒压花时，应从墙面顶端往下一直到底不间断压花，不然会导致纹路不连续，影响效果。

6. 再次压花时，应将肌理压花滚筒上的余料清理干净。

7. 有些肌理艺术涂料立体感较强，干燥后表面有毛刺现象，可用砂纸将表面轻砂来解决此问题。

8. 完全干燥后可根据设计效果选择滚涂清漆抑或是调色的实色面漆。

9. 施工完毕，未用完的产品要密封好以便下次使用，工具要及时清洗干净晾干。

2. 骨浆艺术涂料

骨浆艺术涂料

产品介绍：

骨浆艺术涂料是一种新型的厚浆型涂料。通过施工人员不同的施工手法，用批刀即可做出随意自然的纹理效果。目前，市面上常见的施工工艺还会在骨浆艺术涂料干燥后，在其表面根据客户喜好做出各种擦色效果，简约而不简单。市面上的高山流水等立体的背景墙面就是用骨浆艺术涂料堆叠出纹路再加以上色做成的。

适用场所：

广泛应用于酒店、别墅、家装室内等。

理论料耗：

0.5 ~ 0.8 kg/m^2（不同造型差别很大）

施工工具：

1. 不锈钢批刀
2. 羊毛滚筒
3. 猪毛刷
4. 擦色海绵

施工工艺：

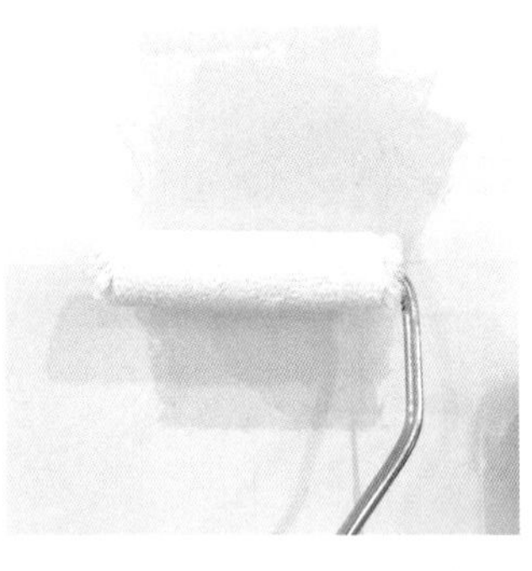
1. 在腻子完全干燥后打磨去除墙面灰尘，然后滚涂环保水晶底漆。

2. 用清水适当稀释骨浆艺术涂料，并用不锈钢批刀抹出客户想要的纹理如假山、树木、高山流水等。

3. 堆积的纹理完全干燥后刷除甲醛环保水漆（黑色或其他颜色）。

4. 待除甲醛环保水漆干燥后，用猪毛刷或擦色海绵刷出客户想要的颜色或纹理即可。

温馨提示：

此产品做法较多，也可发挥自己想象力去开发一些别人没见过的新工艺。

注意事项及成品标准：

1. 骨浆艺术涂料开罐后，表面应呈现各种立体状造型的膏状浆料。

2. 如若施工时觉得产品黏度过高，使用前可用清水适当稀释。切记，不可加水过多，容易导致成品效果立体感不强，纹路塌陷流平。

3. 完全干燥后可根据设计效果用批刀抑或是其他工具做出对应纹路造型。

4. 施工时骨浆艺术涂料切忌不可一次性堆叠过厚，容易出现开裂现象。

5. 未完全干燥前不可刷涂其他材料，容易破坏造型效果。

6. 施工完毕，未用完的产品要密封好以便下次使用，工具要及时清洗干净晾干。

3. 浮雕艺术涂料

产品介绍：

浮雕艺术涂料通过喷涂来体现立体质感逼真的彩色墙面效果，施工完成后的墙面酷似浮雕般立体观感效果，同时可以在其表面刷涂各种颜色来丰富整体效果。

适用场所：

广泛应用于店铺墙面、家庭墙面等。

理论料耗：

0.5 ～ 0.8 kg/m^2

施工工具：

1. 羊毛滚筒
2. 浮雕喷枪
3. 收光刀

施工工艺：

1. 在腻子完全干燥后打磨去除墙面灰尘，然后滚涂环保水晶底漆。

2. 用浮雕艺术涂料喷出客户想要的效果（也可以在喷涂完成后用塑料滚筒把花点压平）。

3. 完全干燥后打磨，清除墙面灰尘，刷环保水晶底漆。然后用除甲醛环保水漆调出客户想要的颜色，刷两遍即可。根据客户要求亦可用金属漆来刷涂表面，体现一种高雅富丽的风格。

注意事项及成品标准：

1. 浮雕艺术涂料开罐后，表面应光亮湿润，呈黏稠浆状；罐内无明显分层及沉淀现象。使用前应搅拌均匀。

2. 浮雕艺术涂料使用前，应根据设计效果决定是否加水以及调整喷涂气压的大小。加水稀释后的浮雕艺术涂料喷涂粒子容易拉长变大。

3. 喷涂完成后，用塑料滚筒压平粒子时，塑料滚筒需蘸取柴油或者汽油以方便施工。如果没有蘸取柴油或者汽油，滚筒容易把喷涂好的材料粘上，导致纹路被破坏。

4. 压平粒子时也可以用批刀压平，但是其施工效率比用滚筒低。

5. 待完全干燥后，如果表面粗糙，需用砂纸将表面轻砂至平滑。

6. 完全干燥后可根据设计效果选择滚涂清漆抑或是调色的实色面漆。

7. 施工完毕，未用完的产品要密封好以便下次使用，工具要及时清洗干净晾干。

4. 雅晶石艺术涂料

雅晶石艺术涂料

产品介绍：

雅晶石艺术涂料有着与自然形成的石材相似的外观效果，每一粒饱满的质感砂都呈现出独特美感，硬度高且坚固耐用。可配合设计师的设计方案做出新中式、现代简约、新古典、古典中式、美式乡村、东南亚等多种风格。雅晶石艺术涂料完全干燥后，憎水透气，能有效桥连和覆盖墙体细小的裂缝，粗犷中彰显细腻本色，装点高贵典雅生活。

适用场所：

广泛应用于办公环境、家装客厅公共区域、酒店、KTV 等。

理论料耗：

1.2 ～ 1.8 kg/m^2

施工工具：

1. 羊毛滚筒
2. 塑料水晶搓板
3. 不锈钢批刀

施工工艺：

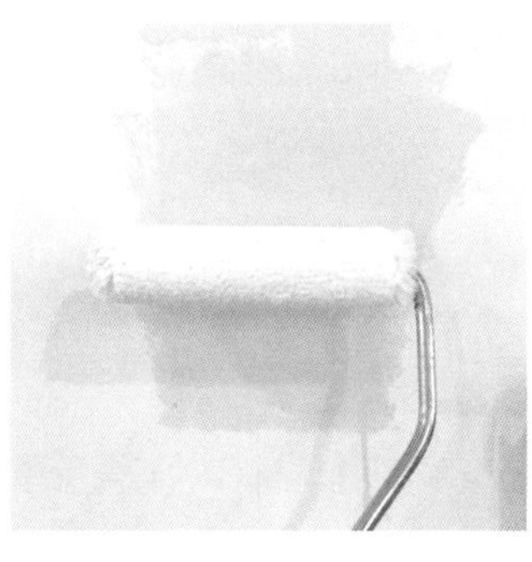

1. 在腻子完全干燥后打磨去除墙面灰尘，然后滚涂环保水晶底漆。

2. 用不锈钢批刀将雅晶艺术石涂料（根据客户需求调色）均匀批刮一遍。

3. 第一遍完全干燥后均匀批刮第二遍（在批刮第二遍的同时需两人或多人配合）。

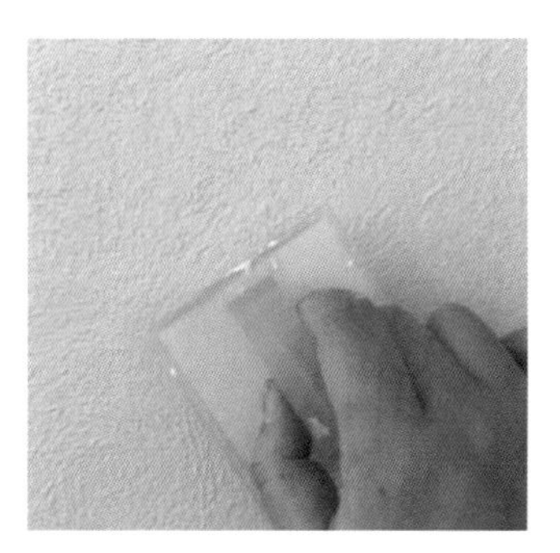

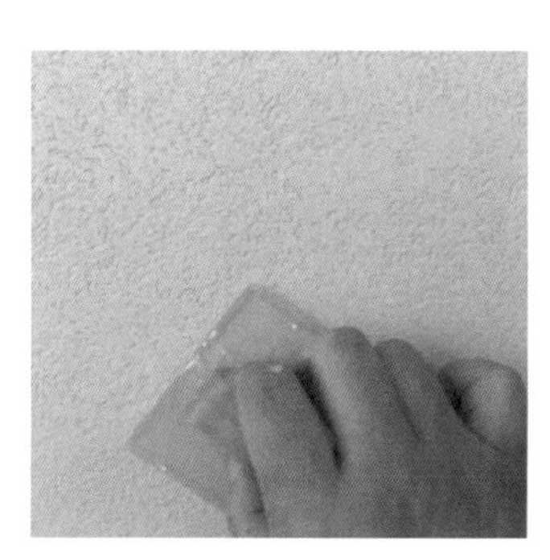

4. 批刮第二遍后待干燥五成左右用塑料水晶搓板均匀打圈圈搓出纹路，需两人配合操作，不然其他未搓区域干燥后就不容易再搓出效果。完全干燥后刷上面漆即可。

温馨提示：

此产品做法较多，可采用乱纹、竖纹、干燥后擦色、干燥后刷涂闪光艺术涂料等工艺。

注意事项及成品标准：

1. 雅晶石艺术涂料开罐后，表面应呈现粗糙砂粒感黏稠浆状；罐内无明显分层及沉淀现象。使用前应搅拌均匀。

2. 雅晶石艺术涂料使用前，应根据设计效果进行调色。如若施工时觉得产品黏度过高，使用前可用清水适当稀释。

3. 第一遍批涂只需满批即可，无须太厚，不然干燥太慢影响施工效率。

4. 完全干燥后批涂第二遍时，保证一粒砂的施工厚度即可。

5. 搓纹路时应在雅晶石艺术涂料干燥七八成时，过早施工容易粘塑料板，太晚施工材料干燥后无法做出效果。

6. 大面积施工需要多人配合，一个在前面批涂，一个在后面搓纹路。

7. 搓纹路时，如若塑料水晶搓板上粘料过多，需用湿布将余料去除以方便继续施工。

8. 施工完毕，未用完的产品要密封好以便下次使用，工具要及时清洗干净晾干。

5. 仿清水混凝土艺术涂料

仿清水混凝土

产品介绍：

仿清水混凝土艺术涂料是一种干粉材料，施工时只需加水搅拌成膏状再批涂于墙面即可，操作简单，纹路丰富，可以根据施工人员不同的手法做出独一无二的效果。材料环保健康，不含有机挥发物，简便地实现了在非清水混凝土浇筑墙体上再造出清水混凝土灿烂的装饰效果。可呈现不同的质感特征，自带奢华感，让复古的细节注入空间的活力。

适用场所：

广泛应用于 Loft 酒店、办公区域、欧式家装墙面、各种公共区域墙面等。

理论料耗：

1 ～ 2 kg/m^2（施工遍数越多料耗越大）

施工工具：

1. 羊毛滚筒
2. 不锈钢批刀
3. 砂纸（400 目）

施工工艺：

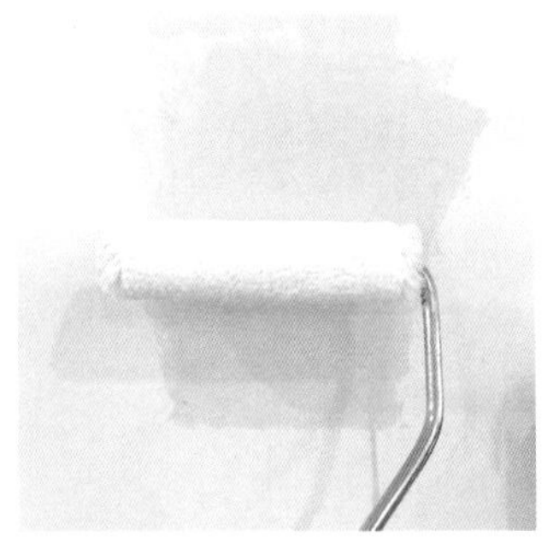
1. 在腻子完全干燥后打磨去除墙面灰尘，然后滚涂环保水晶底漆。

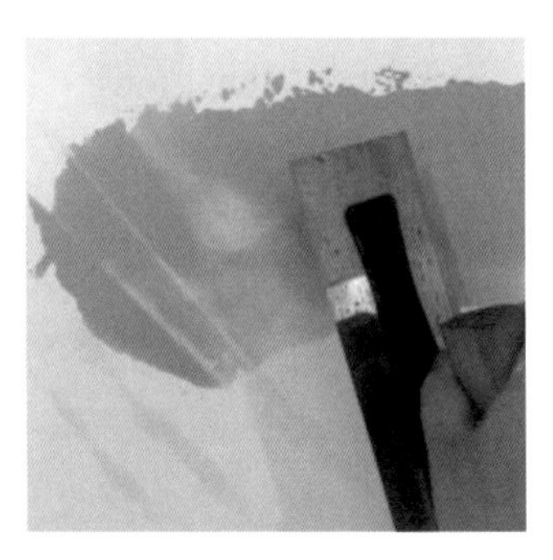
2. 将仿清水混凝土干粉材料和水搅拌均匀，然后在墙面均匀批刮一遍。

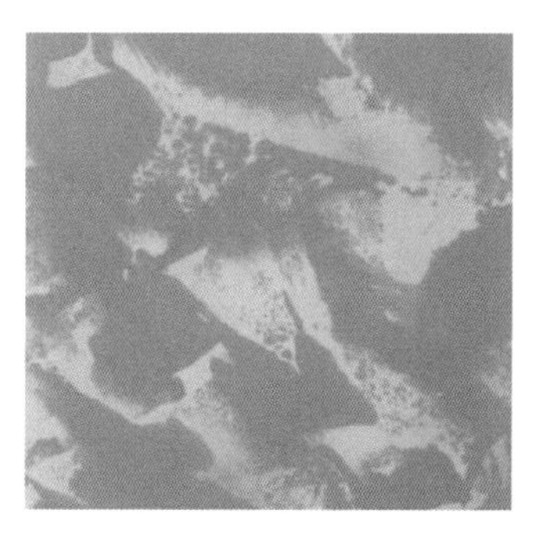

3. 待第一遍完全干燥后用搅拌后的仿清水混凝土艺术涂料再按不同方向叠批第二遍，可满批也可以均匀批涂让其透一点底（可以选择不同颜色的材料来体现明暗深浅的效果，比如浅灰色跟中灰色搭配使用）。

4. 待第二遍完全干燥后用400目砂纸均匀打磨一遍。打磨完成后，清除墙面灰尘，然后刷上面漆即可。

注意事项及成品标准：

1. 仿清水混凝土艺术涂料开罐后，桶内是灰色干粉；无其他多余杂质。

2. 仿清水混凝土艺术涂料使用前，应加入清水将产品混合搅拌均匀，一定要用电动搅拌机搅拌，手动搅拌无法完全将粉料搅匀。

3. 该产品无法调色，但是有多款不同颜色的产品，客户应根据设计效果选择不同颜色的产品。

4. 该产品粉末状时的颜色与加水稀释施工完后的颜色有偏差，所以选择对应颜色的产品时应按施工完干燥后的颜色来确定。

5. 批刮纹路时应注意手法，不可批涂过厚。

6. 每一次施工完全干燥后应用砂纸进行打磨，不然成品表面效果可能不够平整光滑。

7. 最后一道打磨完成后，要注意将表面浮灰清理干净后再上面漆。

8. 施工完毕，未用完的产品要密封好以便下次使用，工具要及时清洗干净晾干。

6. 闪光艺术石涂料

闪光艺术石

产品介绍：

闪光艺术石涂料通过闪光石里面含有的珠光成分来展现一种完全与众不同的石头质感，立体感强烈，表面炫彩夺目，不同光泽不同角度下，呈现明暗不一的闪耀光泽。施工工艺可以选择拍点、批刀平刮等，通常用于展现凹凸不平的质感。

适用场所：

广泛应用于家装各种背景墙面、酒店大堂、酒吧、KTV 等。

理论料耗：

0.15 ～ 0.25 kg/m^2

施工工具：

1. 羊毛滚筒
2. 塑料水晶搓板
3. 不锈钢批刀

施工工艺：

1. 在腻子完全干燥后打磨去除墙面灰尘，然后滚涂环保水晶底漆。

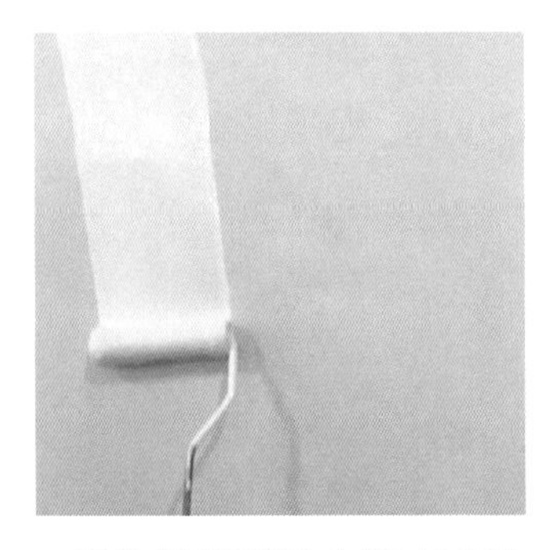

2. 用除甲醛环保水漆（可调色）均匀滚涂一遍。

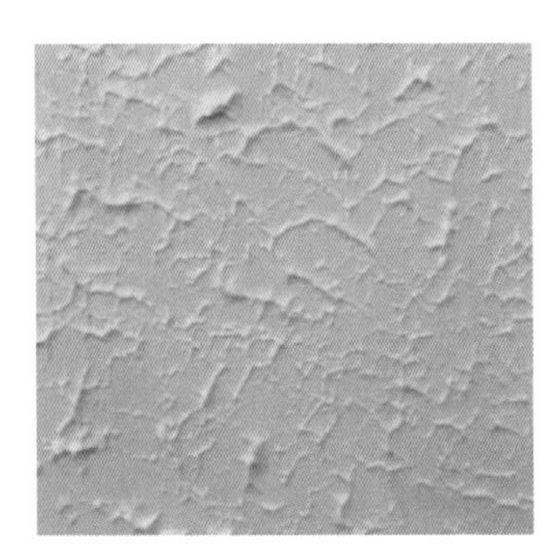

3. 待除甲醛环保水漆完全干燥后用调式好的闪光艺术石涂料（加水 10%）倒在托盘里用塑料水晶搓板拍出纹路，然后用不锈钢批刀往不同方向收出纹路（需两个人配合）即可。

注意事项及成品标准：

1. 闪光艺术石涂料开罐后，表面呈现银白色珠光闪耀的黏稠浆状物。

2. 闪光艺术石涂料使用前，应根据设计效果进行调色，并根据成品效果选择是否加水稀释。

3. 用塑料水晶搓板蘸料时，应大力拉起塑料水晶搓板，这时板面的闪光艺术石涂料容易呈现高低不平的纹路，容易上墙出效果。施工时请勿上料过多，应该保证薄批。

4. 用塑料水晶搓板按不同方向上料施工，墙面的材料不能出现大块的连续，需分散均匀。如若出现大块的连续，可以用尖头批刀将连续的地方的余料铲掉。

5. 大面积施工时需多人配合，不然待干燥后材料很难用批刀收平整。

6. 收平时，批刀上若有余料，需用湿布将余料去除。

7. 施工完毕，未用完的产品要密封好以便下次使用，工具要及时清洗干净晾干。

7. 木纹艺术涂料

产品介绍：

木纹艺术涂料又称木纹美术艺术涂料，与有色底漆搭配，可逼真地模仿出各种效果，能与原木家具媲美。它是家具涂料的一个突破，使刨花板家具看上去像原木家具，并可根据不同的需要，制造出不同的各具风格的木纹效果，能创造贴纸木纹家具所不能达到的艺术效果和美感，使贴纸木纹家具更加完美，体现更高的价值。

适用场所：

广泛应用于家装各种背景墙面、酒店大堂、酒吧、KTV 等。

理论料耗：

0.7 ～ 1 kg/m^2

施工工具：

1. 羊毛滚筒
2. 木纹器

施工工艺：

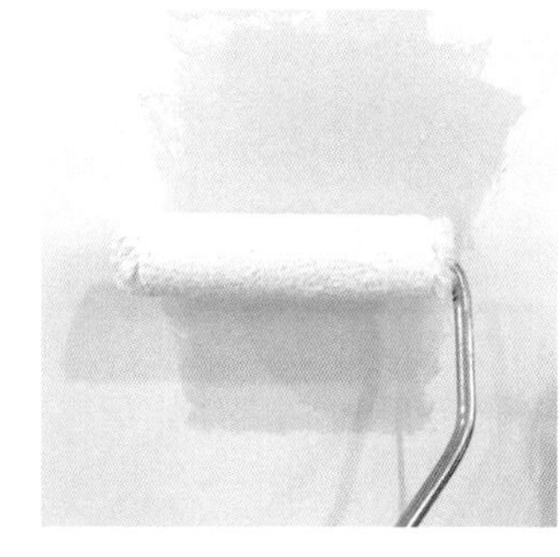

1. 在腻子完全干燥后打磨去除墙面灰尘，然后滚涂环保水晶底漆。

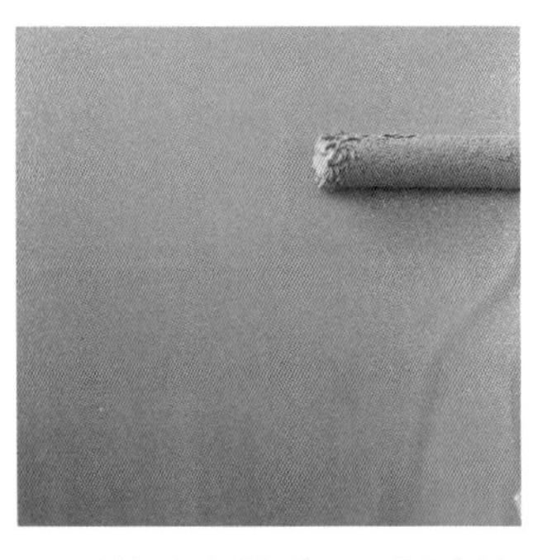

2. 用羊毛滚筒刷上一层木纹低光泽乳胶涂料做基底，待涂料晾干。

3. 混好木纹面涂料，用羊毛滚筒沿垂直方向均匀涂刷一遍。一小块一小块区域作业以保证在涂料仍未干的状态下进行刮纹。

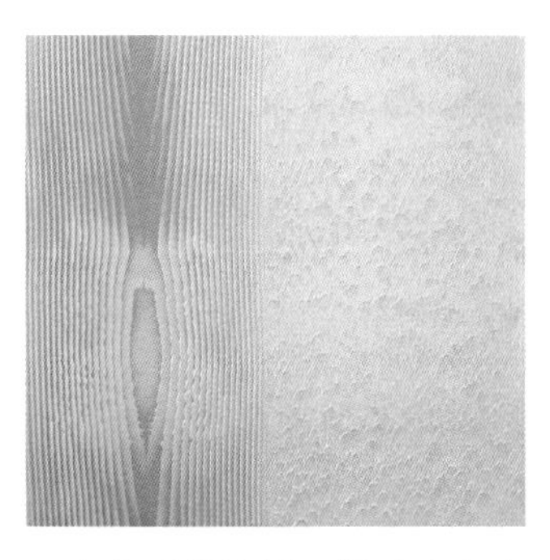

4. 在未干的涂料上沿垂直方向滑动木纹器，不时向前或向后摇摆，印出水印效果。从墙角开始，把木纹器从一边滑动并摇摆到另一边，保持一个连续的、不间断的动作。边滑动边摇摆的动作可以做出拉长的橄榄形斑纹。

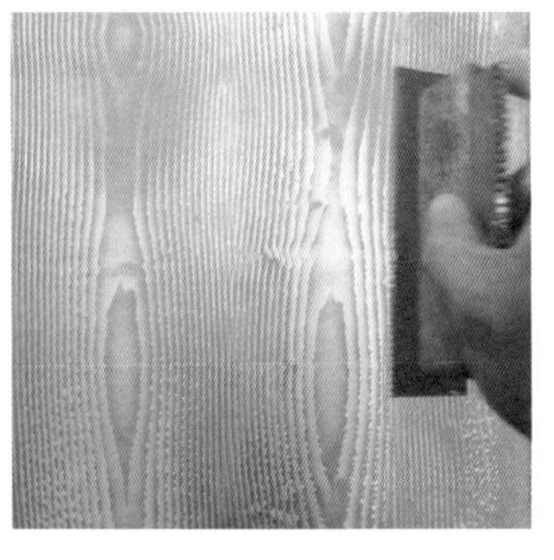

5. 重复步骤 4 直至最后一行。交错印刷橄榄形斑纹，使其呈随机分布状，趁涂料未干尽快印好花纹。必要时用干棉绒布擦掉工具上多余的木纹涂料液。

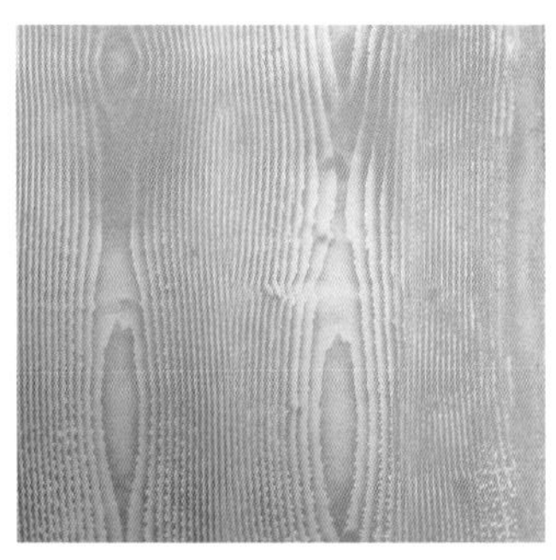

6. 待釉料部分干燥后，用一把干的天然鬃毛刷在墙面横向拖动，这样可以仿造波纹交错状纹理。必要时擦掉工具上多余的釉料，待釉料晾干。

注意事项及成品标准：

1. 木纹艺术涂料开罐后，表面应光亮湿润；罐内无明显分层及沉淀现象。使用前应搅拌均匀。

2. 木纹艺术涂料使用前，应根据设计效果进行调色。如若施工时觉得产品黏度过高，使用前可用清水适当稀释。切记，不可加水过多，容易导致成品效果立体感不强，纹路塌陷流平。

3. 施工上料时可以使用羊毛滚筒，也可以使用常规拉毛滚筒。

4. 上料完成后使用毛刷将滚涂纹路排平时，毛刷应先用水润湿，但是不可含水过多。

5. 用木纹器压花时，应从墙面顶端往下一直到底不间断压花，不然会导致纹路不连续，影响效果。

6. 有些木纹艺术涂料立体感较强，干燥后表面有毛刺现象，可用砂纸将表面轻砂来解决此问题。

7. 完全干燥后可根据设计效果选择滚涂清漆抑或是调色的实色面漆。

8. 施工完毕，未用完的产品要密封好以便下次使用，工具要及时清洗干净晾干。

8. 夯土艺术涂料

艺术夯土

产品介绍：

夯土是一种中国古代建筑的材料，结实、密度大且缝隙较少的压制混合泥块，用作房屋建筑。我国使用此材料的时间十分久远，从新石器时代到二十世纪五六十年代一直在大规模使用。真正的夯土是要将泥土压实，我们现在这里说的夯土艺术涂料是指用涂料做出像夯土一层一层泥土堆叠的效果。夯土艺术涂料通过独特的批刮手法，可逼真地模仿出真实夯土的感觉。

适用场所：

广泛应用于旅游景点、景观建筑、仿古建筑、酒店大堂等。

理论料耗：

1.2 ～ 1.8 kg/m^2

施工工具：

1. 羊毛滚筒
2. 不锈钢批刀
3. 1 厘米宽美纹纸
4. 草坪刷

施工工艺：

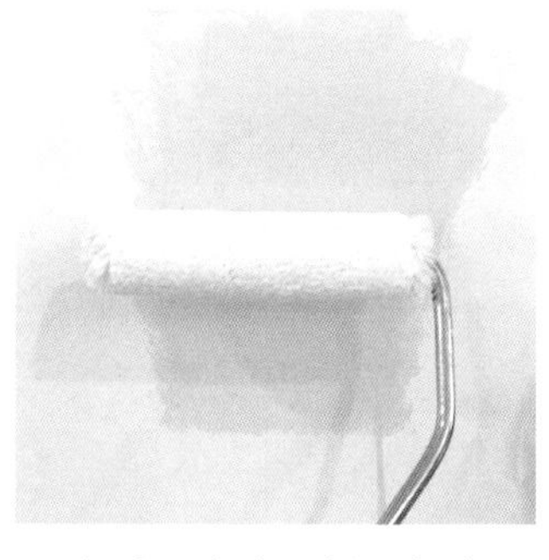
1. 在腻子完全干燥后打磨去除墙面灰尘，然后刷环保水晶底漆。

2. 用 1 厘米宽美纹纸按照设计要求贴好对应的每道的宽度。

3. 在两道美纹纸中间批刮调好色的夯土艺术涂料，选择用两个或者多个颜色来跳色区别。

4. 将美纹纸撕掉，然后用不锈钢批刀将两边不同颜色的夯土艺术涂料均匀收平，盖住原来美纹纸位置的空白处。

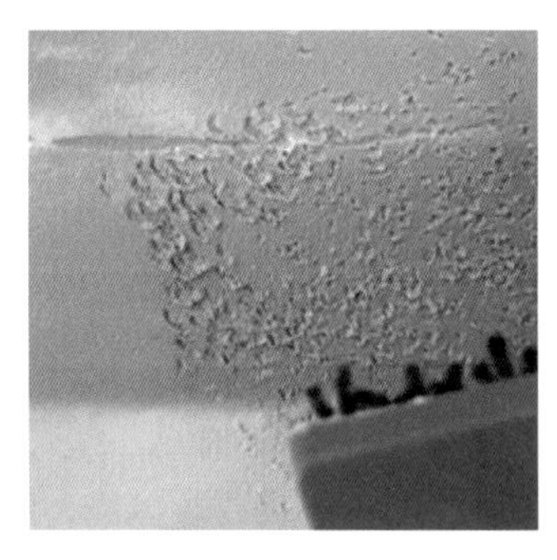

5. 可以用草坪刷在表面适当地扎出一些孔洞来增添自然夯土的美感。

6. 待完全干燥后，可用羊毛滚筒在表面涂刷一层罩光面漆。

注意事项及成品标准：

1. 夯土艺术涂料开罐后，罐内呈现白色含颗粒状的黏稠浆状物。

2. 夯土艺术涂料使用前，应根据设计效果进行调色，并根据成品效果选择是否加水稀释。

3. 美纹纸的宽度不宜太大，不然两层之间颜色层叠效果不佳，应选用 1 厘米左右的为最佳。

4. 撕掉美纹纸将上下两边的涂料收平时，一定要注意两边往中间空白处收平，切记不可单边操作。

5. 大面积施工需多人配合，不然待干燥后涂料很难用批刀收平整。

6. 收平时，批刀上若有余料，需用湿布将余料去除。

7. 施工完毕，未用完的产品要密封好以便下次使用，工具要及时清洗干净晾干。

9. 麻面珠光布艺艺术涂料

产品介绍：

麻面珠光布艺艺术涂料是一种仿麻布纹效果的艺术涂料，用在家庭室内装修可以广泛替代墙纸和墙布。其触感柔和细腻，弹性较好，具有亲和力，视觉效果上立体感、层次感更强，加上若隐若现的珠光效果，给人一种稳重又不失华丽的高档享受。

麻面珠光布艺

适用场所：

广泛应用于家庭室内各区域、别墅、酒店等。

理论料耗：

0.45 ～ 0.6 kg/m^2

施工工具：

1. 羊毛滚筒

2. 齿梳

施工工艺：

1. 在腻子完全干燥后打磨去除墙面灰尘，然后滚涂环保水晶底漆。

2. 用羊毛滚筒将除甲醛环保水漆（根据客户需要调色）均匀滚涂一遍。

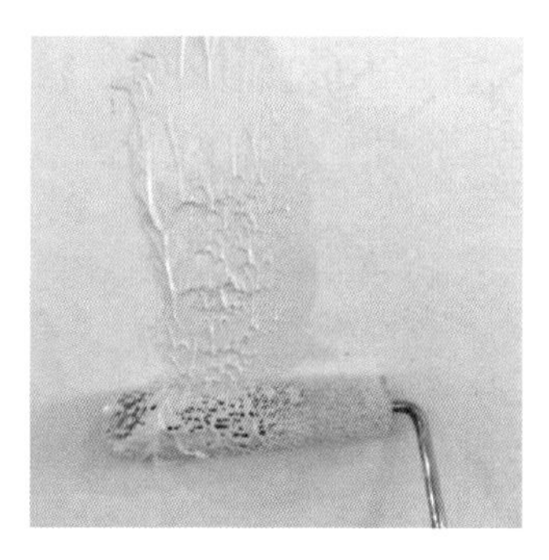

3. 根据设计效果对麻面珠光布艺艺术涂料进行调色，然后用羊毛滚筒将麻面珠光布艺艺术涂料均匀滚涂一遍。

4. 用齿梳水平从左往右拉纹路，同一位置可以反复拉几遍，确保都被齿梳拉出纹路。待完全干燥后，重复步骤 4。

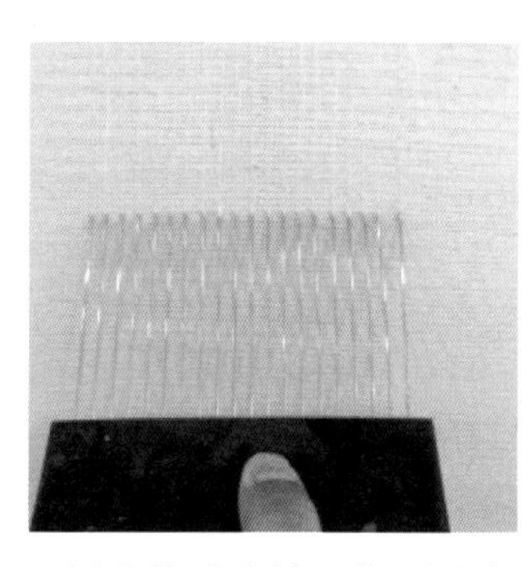

5. 用齿梳垂直从上往下垂直拉纹路，同一位置可以反复几遍，确保都被齿梳拉出纹路。

注意事项及成品标准：

1. 麻面珠光布艺艺术涂料开罐后，表面应呈现珠光色光亮湿润；罐内无明显分层及沉淀现象。使用前应搅拌均匀。

2. 麻面珠光布艺艺术涂料使用前，应根据设计效果进行调色。如若施工时觉得产品黏度过高，使用前可用清水适当稀释。切记，不可加水过多，容易导致成品效果立体感不强，纹路塌陷流平。

3. 施工上料时可以用羊毛滚筒，也可以使用常规拉毛滚筒。

4. 第二次滚涂麻面珠光布艺艺术涂料应该等第一次完全干燥后，不然第一道的纹路会被破坏。

5. 如果第二道拉出来的纹路有些毛刺，用细砂纸轻微打磨即可。

6. 完全干燥后可根据设计效果选择滚涂清漆抑或是含有金葱粉的闪光艺术涂料。

7. 施工完毕，未用完的产品要密封好以便下次使用，工具要及时清洗干净晾干。

10. 法式石灰石艺术涂料

产品介绍：

石灰石作为一种天然石材，在现代高档建筑外墙装饰中的应用越来越广泛。而法式石灰石艺术涂料是市场上一款高端新型的仿石建筑涂料。其涂膜具有天然石灰石的质感，装饰性强，仿真度可达 80% 以上，主要用于仿制石灰石，也可仿制德国米黄、莱姆石等异形纹理石材。

适用场所：

广泛应用于高档写字楼、别墅等。

理论料耗：

底料 2 ～ 3 kg/m^2，面料 0.05 ～ 0.1 kg/m^2

施工工具：

1. 羊毛滚筒
2. 不锈钢批刀
3. 海藻绵滚筒
4. 400 目砂纸
5. 8 毫米宽美纹纸

施工工艺：

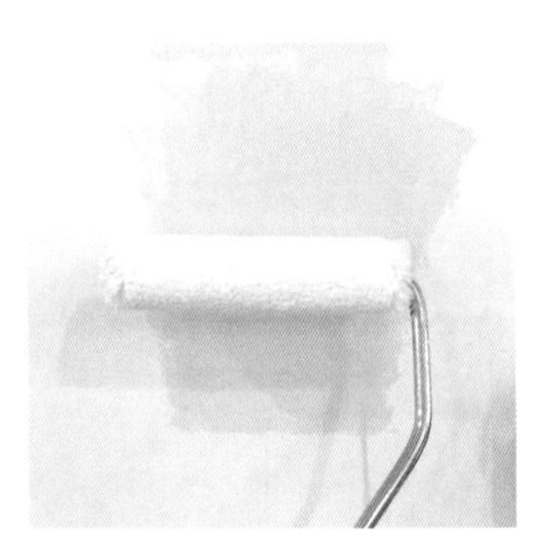

1. 在腻子完全干燥后打磨去除墙面灰尘，然后刷环保水晶底漆。

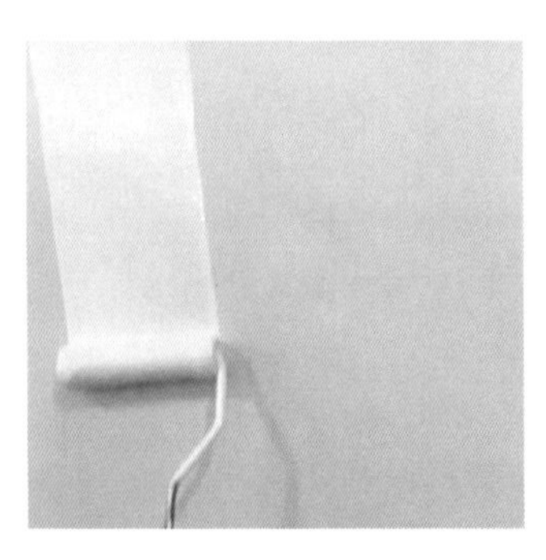

2. 用羊毛滚筒将除甲醛环保水漆均匀滚涂一遍。

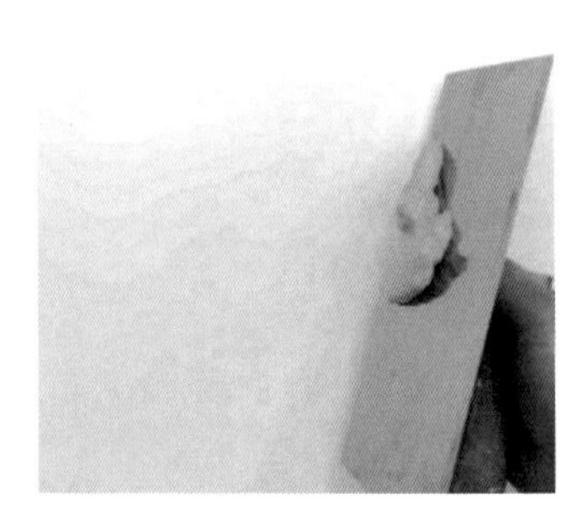

3. 用不锈钢批刀将石灰石艺术涂料满批一遍。

4. 待完全干燥后，用美纹纸贴出分隔缝。

5. 再用不锈钢批刀满批一遍，干燥后再满批一遍。

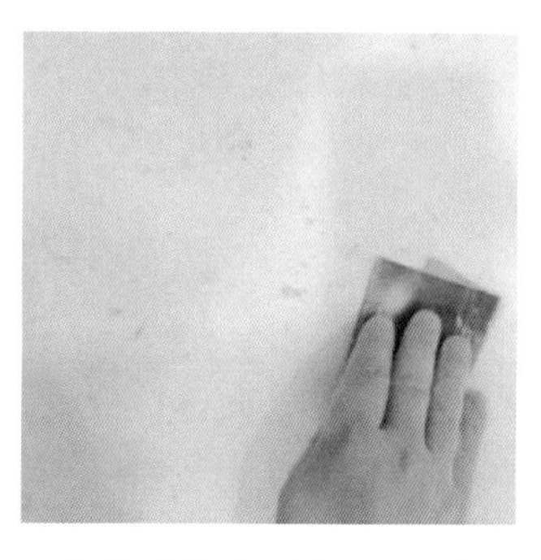

6. 完全干燥后，用 400 目砂纸将表面打磨平整。

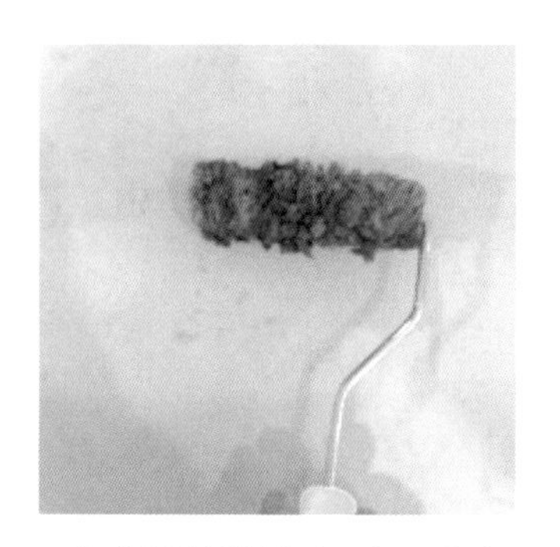

7. 根据设计效果对石灰石艺术涂料进行调色。用天然海藻绵滚筒朝不同方向滚点。

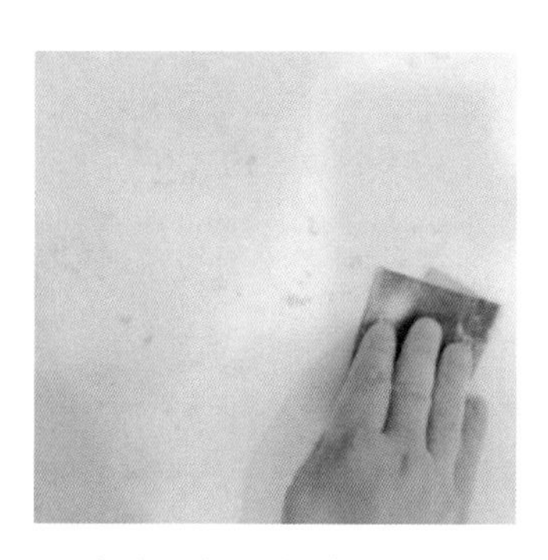

8. 完全干燥后打磨表面，让花纹若隐若现。

9. 用羊毛滚筒在表面涂刷一层罩光面漆。

注意事项及成品标准：

1. 石灰石艺术涂料开罐后，表面应呈现白色细砂感浆料；罐内无明显分层及沉淀现象。使用前应搅拌均匀。

2. 石灰石艺术涂料使用前，应根据设计效果进行调色。无须加水即可施工。

3. 每次满批时一定要用力，将材料压实。

4. 根据设计效果，如果需要分隔缝较深时，可能还需批涂第二、第三甚至第四遍。

5. 每次批完后，需及时将美纹纸揭去，待下一次批涂前再贴好美纹纸，不然待所有批完干燥后美纹纸会将边上的材料带起破坏效果。

6. 用天然海藻绵滚筒滚点时，应朝向不同方向滚点，这样的纹路才比较自然。

7. 打磨花纹时，切记不可用力过大，不然花纹容易被全部打磨干净。

8. 施工完毕，未用完的产品要密封好以便下次使用，工具要及时清洗干净晾干。

11. 清水混凝土艺术涂料

产品介绍：

清水混凝土艺术涂料采用先进的无机材料研发生产，是集混凝土表面保护与修补装饰于一体的保护涂料。其既能对混凝土表面的各种瑕疵进行修补，又能保留混凝土的本色与质地，具有超高的耐候性，并能满足国标 GB 8624—2012《建筑材料及制品燃烧性能分析》A 级防火标准。其还具有防霉抗菌功能，解决了公共空间霉菌滋生的问题。

适用场所：

广泛应用于高档写字楼、公共空间、别墅等。

理论料耗：

0.1 ～ 0.15 kg/m^2

施工工具：

1. 羊毛滚筒
2. 铲刀
3. 海藻绵滚筒
4. 200 目砂纸
5. 棉布

施工工艺：

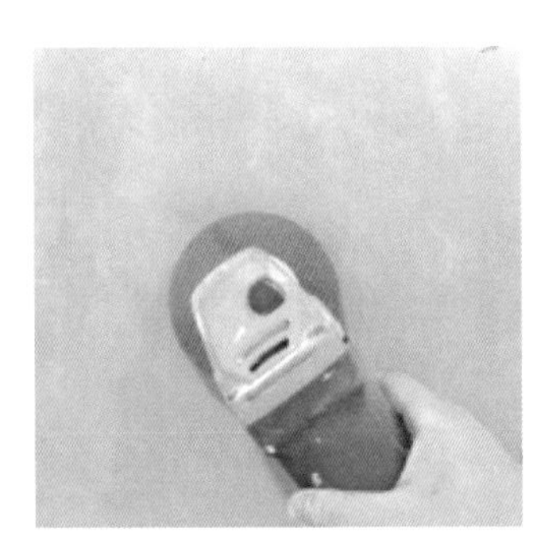

1. 基层处理，用铲刀将表面杂质铲除干净，清理表面空鼓、粉化、起皮等不良现象。用腻子将大的孔洞修补好。

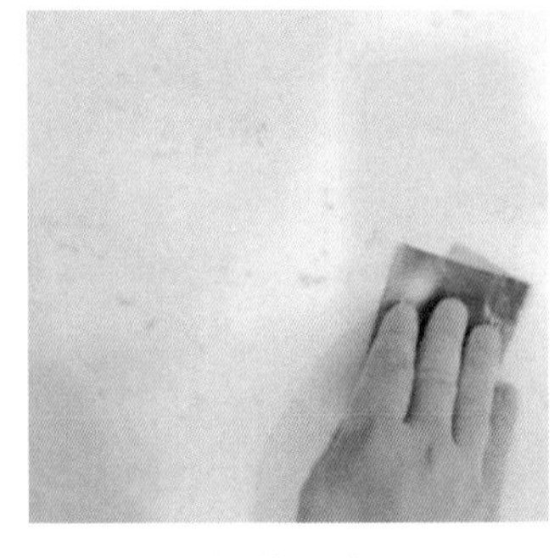

2. 用砂纸打磨混凝土基面，清理表面浮灰、油污等污染物。

3. 用清水混凝土艺术涂料根据设计效果进行调色。

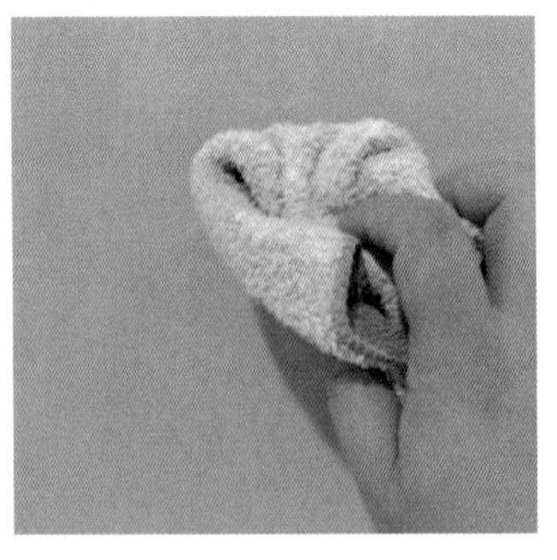

4. 用棉布或者海藻绵滚筒蘸取调好色的清水混凝土艺术涂料在表面拍出花纹或者滚点花纹。

5. 待干燥后，根据设计效果把未上色的地方再重新修补拍花。

注意事项及成品标准：

1. 清水混凝土艺术涂料开罐后，表面应均匀无气泡，拿调漆刀挑起产品后，会如牛奶般顺滑流下；罐内无明显分层及沉淀现象。使用前应搅拌均匀。

2. 清水混凝土艺术涂料使用前，应根据设计效果进行调色。可以根据实际施工适当加水稀释。

3. 施工前混凝土基面一定要清理干净。

4. 拍花或者滚点应该向不同方向，尽量做到纹路自然。

5. 拍花前应该先测试颜色干燥后的效果，以免大面积施工造成返工。

6. 根据实际料耗来调色，以免材料剩余。

7. 施工完毕，未用完的产品要密封好以便下次使用，工具要及时清洗干净晾干。

艺术涂料的种类多种多样，随着科学技术的发展，各种功能性的材料都被带入艺术涂料。目前国内市场上的艺术涂料产品层出不穷，各个厂家都在材料上做出各种尝试与创新，施工工艺和施工工具也随着产品的创新应运而生。不拘泥于固有的思路和产品，大胆尝试各种想法和新手法，你终能在艺术涂料上做出属于自己的新效果。

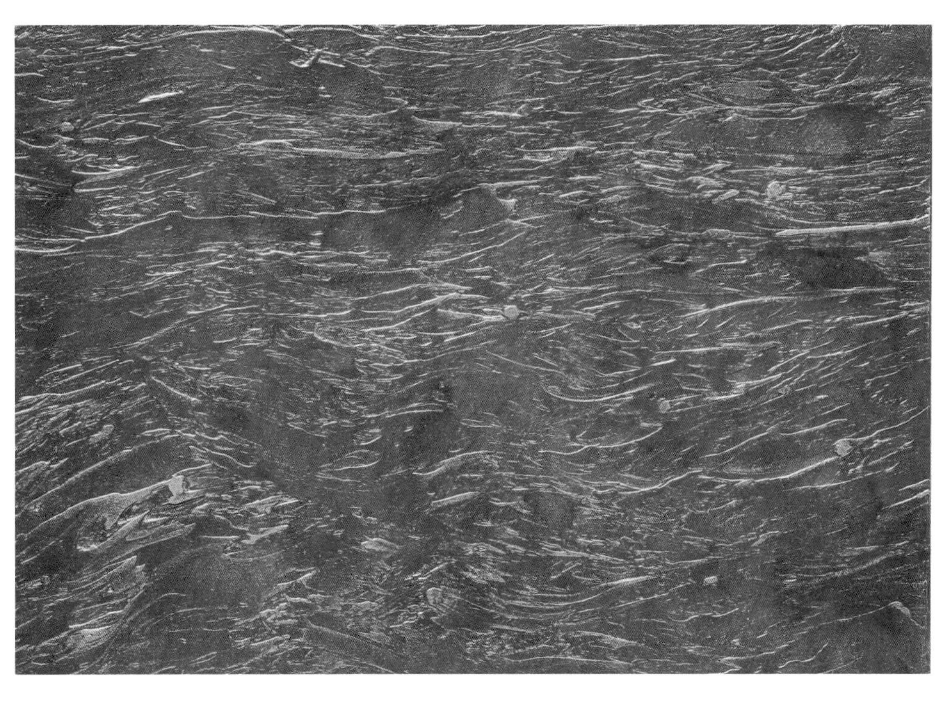

后记

本书在编写过程中得到了行业专家和企业的支持，尤其是从事艺术涂料上游材料研发生产的企业，他们不仅提供了大量材料，更在技术上给予了很多专业指导，也在产品和工艺上做了大量验证工作，使本书得以顺利完稿，在此一并感谢！它们是：

上海普为新材料公司。普为公司技术负责人张廷珂博士为本书在艺术涂料制造和使用过程中助剂的应用提供了很多技术指导。张廷珂博士毕业于南开大学，中科院博士，曾在美国陶氏化学和全球最大的涂料公司宣伟涂料担任核心研发工作。张博士在涂料助剂的高分子合成和应用实践方面具有极高的专业素养和理论基础。普为公司的罗凯先生，也为本书的编写提出了很多宝贵意见。

万华化学集团股份有限公司。万华公司为本书中的技术配方提供了很多乳液支持，尤其在水性聚氨酯和净味乳液方面，它们有很多独特性能。万华公司的刘海平先生也为本书的编写提供了很多帮助。

福建联拓蓝图材料科技有限公司。在本书编写过程中，为了确保科学性，我们进行了大量的实验验证工作，在一些特色材料上，联拓公司的饶长贵先生给予了很大帮助。

江门日洋装饰材料有限公司。日洋是专业的施工工具制造商，本书编写的过程操作和展示的施工工具全部为日洋公司提供。

本书关于涂料及其应用的一些共性的科学性、知识性内容参考了国内已出版的多部著作，如《室内色彩搭配》（化学工业出版社，理想·宅编，2018 年版）、《乳胶漆》（化学工业出版社，林宜益编著，2012 年版）、《建筑涂料与涂装工》（化学工业出版社，石玉梅、郭祥恩、唐军主编，2006 年版）等。在此，谨向这些著作的作者表示衷心的感谢！

姜年超

2020 年 11 月 2 日